HUERTA
ORGÁNICA

Guía esencial para la planificación, el cultivo y el mantenimiento
de especies hortícolas con técnicas ecológicas

María Gabriela Escrivá

ALBATROS
Jardinería Práctica

Edición
Cecilia Repetti

Asistente de edición
Guadalupe Rodríguez

Dirección de arte
María Laura Martínez

Diseño y diagramación
Andrés N. Rodríguez
Gerardo Garcia

Ilustraciones
Sergio Multedo
Andrés N. Rodríguez

Fotografías
Verónica Urien

Corrección
Diana Macedo

Huerta Orgánica
1ra edición - 2da reimpresión - 2000 ejemplares
Impreso en GRAFICA PINTER S.A.
México 1352 , Buenos Aires, Argentina
Febrero 2010
I.S.B.N. 978-950-24-1124-8

Agradecimientos

Al Ing. Agr. Ernesto B. Giardina, director de la Huerta Orgánica Experimental de la Facultad de Agronomía de Buenos Aires (UBA), por la supervisión en los temas relacionados con el suelo.

A Diego D'Ambrosio y Eduardo Funes, Huerta Orgánica Experimental (FAUBA), por los conocimientos y horas de trabajo compartidas.

A la Tec. María Julia Pannunzio, por su colaboración en el tema de plagas.

A Carlos G. Loffreda, por su asesoramiento en los cuidados corporales en el trabajo a campo.

Al Ing. Agr. Mario Clozza, Sebastián Salice, Téc. Nélida Tundis, Nahuel Bendersky, Adolfo Alcántara e Irene Scarsini de la Huerta Orgánica Experimental (FAUBA).

A la memoria de Álvaro Altés, a través de quien pude conocer esta forma ecológica de cultivo.

Escrivá, Gabriela
Huerta orgánica - 1a ed. 2da reimp. - Buenos Aires : Albatros, 2010.
112 p. ; il. ; 16x24 cm. - (Jardineria práctica)

ISBN 978-950-24-1124-8

1. Huerta Orgánica. I. Título
   CDD 635.987

Dedicado a Alicia, mi tía,
quien despertó mi entusiasmo infantil por la tierra
en su maravillosa huerta mendocina.

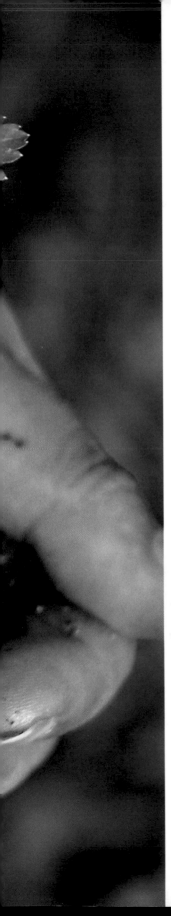

Unas palabras

Este libro pretende acercar al lector información útil y necesaria para producir sus propias verduras de una manera efectiva y saludable para él y para el medio ambiente.

La horticultura orgánica familiar está difundida en todo el planeta y viene conquistando cada vez más a productores nuevos y convencionales, ya que se ha creado una conciencia de las ventajas de cultivar acompañando los ciclos naturales y de respetar el entorno y los recursos no renovables. Esta forma de producción casera preserva la salud del horticultor y de su familia. Al no utilizar agrotóxicos, obtiene alimentos de mayor calidad y mejor sabor y provoca un ahorro familiar ya que disminuye los costos en la compra de insumos y alimentos.

Por falta de conocimiento y conciencia durante el siglo XX, el hombre fue agotando los recursos no renovables en el planeta; ahora en el siglo XXI debemos aprender a convivir mejor con nuestro medio ambiente, preocupándonos por la calidad de nuestros suelos, de nuestra agua y de nuestro aire sin olvidar de ir corrigiendo lo que ya degradamos.

Desde nuestra huerta familiar podemos generar un cambio cultivando sanamente y reciclando materiales orgánicos muchas veces desechados; en nosotros está tomar la iniciativa y dar el primer paso.

María Gabriela Escrivá

CAPÍTULO
1

La huerta
orgánica

Capítulo

1 La huerta orgánica

La producción de hortalizas a escala familiar

La producción de hortalizas a escala familiar surge hace miles de años como una necesidad básica en el hombre de cultivar su propio alimento.

De Oriente a Occidente y de Norte a Sur hay registros sobre la evolución de los cultivos de hortalizas a escala familiar cercanos a las viviendas, a veces con fines medicinales pero principalmente como productores de las hortalizas básicas en la dieta.

• 7000 años a.C. en las islas griegas se cultivaban lentejas, mijo y cebada.

• 5000 años a.C. los nativos de América cultivaban conjuntamente maíz y porotos.

• 4000 años a.C. en el territorio de los actuales Pakistán y Afganistán producían en sus huertas sésamo, arvejas, mango, cítricos, trigo y uvas.

• 3000 años a.C. se cosechaban papas en la cordillera de los Andes en huertas familiares agrupadas.

El cultivo de cereales, como el maíz, fue la base de las sociedades agrícolas primitivas americanas.

Durante la Edad Media en Europa las huertas fueron relevantes, ya que cada castillo y cada monasterio poseían una gran huerta diseñada según los cánones de la época y allí se cultivaban conjuntamente hortalizas, frutales, flores, hierbas aromáticas y plantas medicinales. En las huertas de los campesinos, mucho más rústicas, el cultivo se limitaba a hortalizas y a hierbas aromáticas usadas como condimento, medicina o simplemente para secarlas y esparcirlas sobre el suelo de tierra de la casa. El cultivo de flores decorativas era un lujo que el espacio reducido no permitía, por lo tanto sólo crecían azucenas con el fin de adornar la iglesia o para las celebraciones.

La historia de las huertas familiares en Alemania empieza a principios del siglo XIX, cuando se fundó la primera Asociación de Horticultores Familiares. Gracias a una iniciativa pública, se decidió arrendar áreas dentro de la ciudad para permitir que los niños jugaran en un entorno saludable, en armonía con la naturaleza. Posteriormente, estas áreas incluyeron verdaderos jardines para los niños (el término alemán "kindergarten" fue acuñado por esas fechas), pero pronto los adultos empezaron a hacerse cargo y a cultivar estos espacios. Este tipo de horticultura en áreas comunales ganó popularidad rápidamente.

Durante la era de la industrialización, las huertas familiares se volvieron esenciales para garantizar el alimento del gran número de obreros empobrecidos y sus familias que emigraron del campo a las ciudades en busca de empleo en las fábricas.

El aspecto de la seguridad alimentaria se hizo aun más importante en la primera mitad del siglo XX. Durante la primera y segunda guerras mundiales, la situación socioeconómica fue muy miserable, especialmente en cuanto al estatus nutricional de las personas. Muchas ciudades quedaron aisladas de sus

En esta pintura de la Edad Media se representa el huerto de un castillo. La referencia astrológica superior indica que se trata de labores de otoño en el Hemisferio Norte.

campos circundantes, y los productos agrícolas de sus alrededores rurales no llegaban más a los mercados urbanos o eran vendidos a precios muy altos en el mercado negro. En consecuencia, la producción de alimentos dentro de la ciudad, especialmente la producción de frutas y vegetales en casa y en huertas familiares, se volvió esencial para la supervivencia.

La importancia de las huertas familiares para la seguridad alimentaria fue tan evidente que en 1919, un año después del final de la Primera Guerra Mundial, se aprobó en Alemania la primera legislación sobre huertas familiares.

Durante la Segunda Guerra Mundial millones de estadounidenses y canadienses fueron animados a cultivar sus propios alimentos en los llamados "Victory Gardens", ya que la producción agrícola se focalizaba en alimentar a las tropas aliadas. "Cultive un huerto de la Victoria: ayude a ganar la guerra" o "Huertos de la guerra para la Victoria, produzca vitaminas en la puerta de su cocina" eran algunas de las consignas de difusión de este programa que llegó a transformar fondos, jardines, baldíos y terrazas en más de 20 millones de huertas urbanas.

Posters de los Jardines de la Victoria (Victory Gardens) difundidos durante la 2ª Guerra Mundial en Norteamérica.

Plantas de tomate guiadas con tensores y encañado.

Cosecha estival.

En 1989, en Cuba, luego del colapso del bloque soviético y del bloqueo por parte de los Estados Unidos, la producción urbana de hortalizas contribuyó a paliar en parte la crisis alimentaria. En 1995 ya se estimaban en 26.600 las parcelas destinadas a huertos populares. Actualmente, La Habana presenta los mayores índices de huertos urbanos a nivel mundial, entre huertos privados, populares y organopónicos (huertos del Estado destinados a la investigación).

Huerta organopónica en Santiago de Cuba, Cuba.

En estos últimos años hemos visto resurgir en la Argentina una "cultura de la huerta", consecuencia del traslado de algunos habitantes hacia áreas alejadas de las grandes ciudades, o a crisis económicas o a la necesidad de conexión con la naturaleza.

Tareas compartidas en la huerta al final del invierno.

CAPÍTULO
2

La planificación
de la huerta

La planificación de la huerta

Capítulo 2

Antes de empezar

Para llevar a cabo una huerta orgánica saludable y productiva debemos estar atentos a múltiples factores que incidirán en el éxito de nuestra empresa.

Para decidir qué sector del parque o del jardín se destinará a la huerta familiar orgánica debemos tener en cuenta dos factores principales que determinarán el éxito del cultivo.

• La exposición al sol: las hortalizas en general tienen una alta demanda de luz solar.

• La cantidad de superficie destinada al cultivo: el número de m² a cultivar estará en relación con la cantidad de miembros y con el hábito de consumir verduras que tenga cada familia.

Es importante no diseñar más espacio del que puede llegar a mantenerse y saber cuánto tiempo y esfuerzo estamos dispuestos a dedicar al mantenimiento de la futura huerta. Se podría generalizar que un jardín demanda más espacio que tiempo y una huerta funciona mejor si se tiene más tiempo que espacio.
Si el tamaño de nuestro espacio supera al tiempo disponible y nuestra intención es hacer una huerta, entonces debemos dedicar al comienzo tanto tiempo y esfuerzo como sea posible para diseñarla con un sentido de ahorro de tiempo posterior.

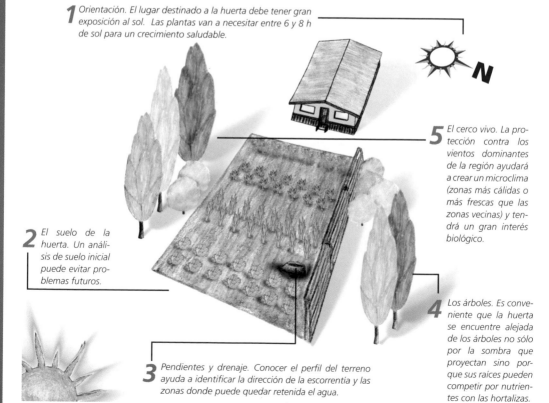

1 Orientación. El lugar destinado a la huerta debe tener gran exposición al sol. Las plantas van a necesitar entre 6 y 8 h de sol para un crecimiento saludable.

5 El cerco vivo. La protección contra los vientos dominantes de la región ayudará a crear un microclima (zonas más cálidas o más frescas que las zonas vecinas) y tendrá un gran interés biológico.

2 El suelo de la huerta. Un análisis de suelo inicial puede evitar problemas futuros.

4 Los árboles. Es conveniente que la huerta se encuentre alejada de los árboles no sólo por la sombra que proyectan sino porque sus raíces pueden competir por nutrientes con las hortalizas.

3 Pendientes y drenaje. Conocer el perfil del terreno ayuda a identificar la dirección de la escorrentía y las zonas donde puede quedar retenida el agua.

El entorno

Conocer el recorrido del sol es nuestra principal herramienta, sin luz solar no hay crecimiento vegetal. Se puede modificar un suelo, pero nunca la órbita solar.

Si somos nuevos en el lugar, nos demandará un ciclo de un año ir conociendo factores tan importantes como el clima, las temperaturas máximas y mínimas, la dirección de los vientos, el régimen de lluvias, la profundidad de la capa freática, las formas de drenaje, la naturaleza del suelo y la evolución de las sombras.

Grandes árboles, principalmente los de follaje perenne y muros altos, pueden proyectar sombra sobre el espacio elegido, debilitando las plantas y favoreciendo el ataque de plagas y enfermedades.

Incidencia de los rayos solares a las 12 hs en Buenos Aires.

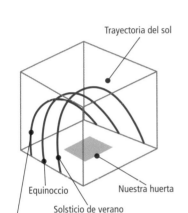

Trayectoria del sol

Equinoccio

Nuestra huerta

Solsticio de verano

Solsticio de invierno

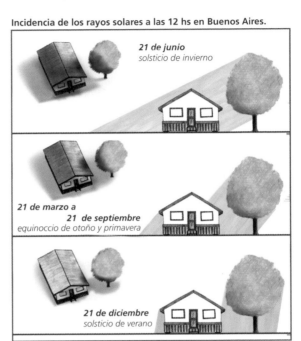

21 de junio
solsticio de invierno

21 de marzo a
21 de septiembre
equinoccio de otoño y primavera

21 de diciembre
solsticio de verano

A nuestra latitud, el recorrido del sol cambia sensiblemente del verano al invierno. Estudiar cuidadosamente la evolución de las sombras nos permitirá tomar decisiones importantes, como la de podar o talar determinado árbol o decidir qué plantas se darán mejor y en qué lugares.

Mucha de esta información podemos obtenerla de los habitantes de la zona, de mapas, del servicio de extensión agraria y de la estación meteorológica, pero el resto será un trabajo personal de observación porque en ninguna bibliografía encontraremos información detallada sobre nuestro lugar en concreto. Permanecer tiempo en el lugar nos permitirá conectarnos y conocer sus necesidades.

Si aprendemos a interpretarla, la vegetación espontánea del lugar nos dará mucha información sobre las características del suelo, la dirección de la escorrentía del agua y las zonas encharcadas.

El concepto de orgánico y el trabajo afín con la naturaleza nos demandan estos conocimientos para ubicar la planta correcta en el lugar correcto.

Una huerta orgánica se basa en la biodiversidad. La acacia es una leguminosa nativa que aportará con su perfumada floración polen y néctar a insectos controladores de plagas dañinas. Sus ramas espinosas evitan el ingreso de animales o intrusos al cultivo. Estas características hacen de este árbol un excelente complemento de la huerta.

La elección del lugar

Ya vimos la importancia de una exposición a pleno sol para el buen desarrollo de las hortalizas. Por lo tanto es importante ubicar claramente los puntos cardinales. Armando nuestros bancales (tablones o canteros) de Norte a Sur aprovecharemos de forma máxima la luz solar.

Un suelo profundo y fértil es lo ideal. Puede ser que tengamos un suelo excelente pero con condiciones de poco sol. Es preferible optar por un suelo no tan bueno pero que reciba mucha luz solar.

Un lugar plano evita la erosión y el lavado del suelo. El buen drenaje no sólo elude el encharcamiento sino que garantiza la salud de las plantas cultivadas y del suelo.

El acceso al agua de riego es determinante en una huerta, no podemos depender de las lluvias y el estrés causado por la falta de agua es el inicio del deterioro de las plantas. Numerosas plagas detectan esta situación de debilidad y aprovechan la oportunidad para atacar. Mantener las plantas y el suelo saludables evita el uso de agroquímicos, sustancias altamente peligrosas por su toxicidad grave o aguda, principalmente en plantas comestibles.

El fácil acceso desde la casa facilita el control y cuidado de la huerta. Caminos cómodos, no inundables que permitan el tránsito aún en condiciones adversas posibilitarán la cosecha de las hortalizas. Las plantas hortícolas tienen un ciclo de vida y un punto óptimo de cosecha, si las dejamos en los bancales más tiempo del necesario para su desarrollo serán las plagas quienes "cosecharán" por nosotros. Siempre habrá un organismo dispuesto a hacer propia una fuente de energía no aprovechada, en la naturaleza nada se desperdicia y una lechuga no cosechada a tiempo es un banquete para babosas, hormigas, hongos y bacterias de la huerta. Los sectores más sombreados los reservaremos para el reciclado de la materia orgánica.

Sector de compostaje en la sombra. En los espacios sombreados no produciremos verduras, pero sí un excelente compost, de esta forma aprovecharemos al máximo el espacio productivo.

Para no dañar el delicado equilibrio natural reciclaremos imitando la forma en que lo hace la naturaleza. A lo largo de los años las hojas, las ramas y los desechos de todo tipo se van transformando hasta llegar a ser nutrientes asimilables por las plantas. En nuestra huerta imitaremos este proceso pero en un tiempo más corto. La producción de plantines de hortalizas y flores nos demanda un espacio soleado, pero protegido del frío y de los vientos, un invernáculo es lo ideal. Su construcción puede ser muy variable depende de la necesidad del número de plantines a desarrollar en la huerta. Plantines sanos y bien cuidados garantizan plantas sanas. Para delimitar este sector construiremos un cerco.

Vista general de un invernáculo de polietileno. Un invernáculo debe proteger a los plantines de las bajas temperaturas y permitir el paso de la luz solar para un buen crecimiento. Es conveniente tener una mesada rústica de madera reciclada donde poder trabajar y apoyar los diferentes contenedores, cajones, bandejas y sustratos necesarios para la propagación de las plantas.

El cerco vivo: aislación y protección

Una huerta en producción es conveniente enmarcarla y limitarla inicialmente para evitar el ingreso de animales que pisoteen, se coman la producción o con sus deyecciones acarreen problemas bacterianos. Es posible crear este límite no sólo con un fin físico sino con un propósito de interés biológico.

Un cerco vivo es una agrupación vegetal periférica, a menudo parecida a las que naturalmente se forman en los límites de un bosque, y tiene una función semejante.

Es el intermediario entre el campo y el bosque, el eslabón que alcanza a ambos organismos y permite la comunicación. Existe una gran riqueza y diversidad de especies en este sistema, principalmente cuando se permite su desarrollo y alcanzan una edad avanzada.

Funciona como un filtro o una membrana protectora, resguardando el cultivo y dándole individualidad a cada terreno. Un buen cerco puede regular el régimen hídrico, limitar la pérdida de nutrientes, bombear nutrientes desde el subsuelo —porque generalmente son plantas de mayor desarrollo que las que cultivamos en la huerta— y ser un excelente productor de material residual que se convertirá en humus en un futuro.

En relación con el clima reduce la velocidad del viento entre un 30 y 50%, contribuyendo de esta forma a la creación de un microclima en el sector de producción; pero al contrario de lo que pueda creerse la eficacia de un cerco depende de su permeabilidad, a diferencia de un muro contra el cual chocaría el viento y provocaría turbulencias del lado opuesto.

Las grandes gramíneas como estas cañas incorporadas en el cerco, dan refugio invernal a insectos benéficos. Son ideales en espacios grandes pero debe controlarse el crecimiento invasivo de sus rizomas.

Un árbol y un arbusto que aislan y protegen la huerta. En este caso una mora y coronas de novia (Spiraea cantoniensis). Estos arbustos florecen al final del invierno y proveen polen y néctar a numerosos insectos.

El bambú amarillo es una opción para espacios más reducidos de cerco denso y seguro. También es necesario controlar el crecimiento de sus rizomas.

Las arvejillas (Lathyrus odoratus) son florales anuales que necesitan de una estructura donde sus zarcillos puedan asegurarse. Esta planta leguminosa proveerá de color al entorno de la huerta a finales del invierno y fijará nitrógeno gaseoso, aumentando la fertilidad del suelo.

El caracolito o tripa de fraile (Vigna adenantha) es una leguminosa nativa perenne con una floración estival espectacular y muy perfumada, ideal para cultivar en el entorno de la huerta. Es necesario proveerla de un soporte donde pueda desarrollarse.

El efecto protector de un cerco al reducir la velocidad del viento provoca una reducción en la pérdida de agua por transpiración de las plantas y por evaporación. Contribuye a una disminución de la erosión, la pérdida de calor del suelo y los daños por flexión en las plantas causados por la fuerza del viento, los que son una puerta de ingreso a patógenos causantes de enfermedades.

Un cerco actúa como una pantalla, dando sombra en la cara opuesta al sol, refractando hacia el suelo parte de la radiación que llega a la cara soleada. Otro beneficio que provee un buen cerco es la protección de la contaminación electromagnética derivada de las líneas de alta tensión y la proximidad de transformadores y centrales eléctricas. También crea una barrera de sonido y detiene la deriva de tóxicos de las cercanías. Juega un rol muy importante en el control biológico de plagas ya que enmarca nuestra huerta proporcionando refugio y alimento en forma de polen y néctar a los predadores que controlarán las plagas dañinas de los cultivos.

Los frutales como este limón de las cuatro estaciones se pueden incorporar al cerco o en sectores de la huerta donde no proyecten sombra al cultivo.

La Lantana camara es una planta sumamente rústica con flores de dos colores, en este caso rosadas y amarillas, aunque la variedad más frecuente presenta flores anaranjadas y amarillas. Es muy atractiva para los insectos polinizadores. Embellece el entorno y sus hojas secas forman una excelente cobertura para el suelo.

La borraja tiene una floración muy visitada por las abejas. Puede ubicarla en la cabecera de los canteros o en la parte baja del cerco. Se consumen sus hojas tiernas y sus flores con sabor a pepino enriquecen cualquier ensalada. Cuando termina su ciclo la incorporaremos a la pila de compost.

Abeja libando una flor de Caracolito (Vigna adenantha) en un cerco. Durante esta tarea la abeja se cubre forzosamente de polen. Cuando visita otra flor, del cuerpo del insecto se desprende el polen de la primera produciéndose una polinización cruzada.

Para la implantación del cerco vivo evaluaremos el tamaño del terreno, ya que las especies que tengan un crecimiento importante en altura provocan sombra y perjudican el desarrollo y salud de las hortalizas. En general, la inclusión de gramíneas ornamentales que proveen refugio a los predadores en el invierno, de arbustos de floración perfumada o vistosa que producen polen y néctar, y de frutales bajos y arbustos de fruta fina que aumentan nuestras cosechas, es muy recomendable para delimitar una huerta familiar.

Malvón (Pelargonium sp) en flor. Estas plantas sumamente rústicas soportan poco riego y mucho sol. Son ideales para ubicarlas en la parte baja de un cerco muy soleado.

El romero desarrollándose en un cerco duplica su función. Produce hojas como condimento y protege a las plantas vecinas.

La vinca se puede cultivar en los sectores bajos y sombreados del cerco. Aportará luminosidad al diseño con su follaje variegado y su hermosa floración lila en primavera.

Un rincón húmedo. Este será el paraíso de los sapos en la huerta. No sólo consumirán las larvas de mosquitos sino que también se alimentarán de las babosas que estén en la zona.

Detalle de un limón maduro en el árbol. Los frutales orgánicos no sólo contribuirán con la producción de frutos sino que también aumentarán la biodiversidad y enriquecerán el diseño de nuestra huerta.

Cala en flor. Esta planta es ideal para iluminar con su floración un sector húmedo.

Los Cosmos sulfureus *florecen durante el verano y el otoño alcanzando una altura de 1 a 1,5 m. Se resiembran año a año llenando de color y vida nuestra huerta y son visitados particularmente por mariposas y abejas.*

Medida de copa de los árboles cultivados más frecuentemente
correspondiente a 10 ó 15 años de crecimiento en Buenos Aires

Nombre común	Nombre botánico	Altura (m)	Diámetro (m)
Acacia	Acacia baileyana	3 - 4	3
Árbol del cielo	Ailanthus altissima	+ de 15	6
Palo borracho	Chorisia speciosa	6	5
Ceibo	Erithrina cristagalli	4	3
Eucalipto	Eucaliptus cinerea	8 - 10	6 - 8
Fresno europeo	Fraxinus excelsior	8	6
Jacarandá	Jacarandá mimosifolia	6	5 - 6
Liquidambar	Liquidambar styraciflua	6 - 8	6
Paraíso	Melia azedarach	6	5
Plátano	Platanus acerifolia	6 - 8	6
Álamo	Populus alba	8 - 10	6 - 8
Ciruelo ornamental	Prunus cerasifera atropur.	4	3
Roble europeo	Quercus robur	8	6
Sauce	Salix alba	4 - 5	4
Tilo	Tilia cordata	6	6

Conocer la altura y diámetro de la copa de los árboles ya existentes y de los que implantaremos nos orientará para saber qué cono de sombra proyectará.

Acacia en flor. A finales del invierno esta planta presenta una abundante y perfumada floración. En medicina popular las hojas se usan como cicatrizante.

Las plantas medicinales como esta carqueja las podremos cultivar en los alrededores de la huerta. Su particular follaje aportará belleza y una saludable infusión.

El diseño y la construcción

Una familia de 4 ó 5 miembros puede obtener hortalizas frescas durante todo el año en 100 m² de terreno.

En la mitad del espacio diseñaremos la huerta propiamente dicha y el terreno restante lo destinaremos a cultivos menos intensivos como maíz, zapallo, porotos y habas. Este último sector se denomina chacra.

Seleccionado el sector donde diseñaremos la huerta comenzamos con la construcción del cerco, que dará marco y protección a los cultivos. Cañas, maderas, varillones de sauce, piedras, postes y alambre son materiales idóneos para hacer un cerco. Si nos decidimos por un cerco vivo, éste es el momento ideal para su implantación.

La remoción de vidrios, cascotes y plásticos es el primer paso. Con estacas e hilo marcamos los bordes de los canteros; los orientaremos de Norte a Sur; el ancho será variable según la altura y el largo de los brazos de las personas que trabajarán en el cuidado de las plantas. Esta medida oscila desde 0,90 m

Alcaucil. Las hortalizas perennes como este magnífico ejemplar las ubicaremos en los canteros exteriores, al sol y cercanos al cerco.

hasta 1,20 m. Para determinar el ancho de los canteros de nuestra huerta, debemos ponernos de cuclillas y estirar el brazo, medimos desde la mano hasta la espalda, esta longitud x 2 será la ideal para trabajar cómodamente.

Los caminos deben tener un ancho que permita la libre circulación de la carretilla. Los materiales usados tienen que permitir el acceso a los canteros aún con mal tiempo. Desde ramas y hojas secas, hasta lajas, ladrillos, piedra partida o panes de césped, todo es válido de acuerdo al presupuesto familiar. Podemos armar la compostera de maderas, cañas, alambres o cualquier material que permita la aireación y el drenaje del agua. Para los almácigos, la construcción de un pequeño invernáculo es lo ideal. Una estructura de madera o metálica soportando paneles plásticos o de vidrio, es básica para el desarrollo de los plantines.

Ancho de los caminos. Los caminos entre los canteros deben permitir la circulación sin inconvenientes de la carretilla.

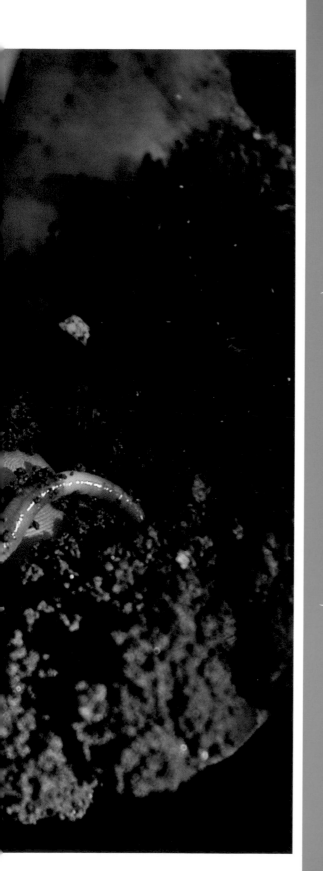

CAPÍTULO

3

El suelo y sus necesidades

Capítulo 3

El suelo y sus necesidades

El suelo, una base indispensable

Conocer la parte mineral y la compleja vida existente en un suelo nos ayuda a desarrollar una huerta saludable y productiva.

Todos sabemos que las plantas se desarrollan parte en el aire y parte en el suelo, ambas son dependientes y complementarias entre sí. La salud y el bienestar de la parte aérea son tan importantes como la salud y el bienestar de la raíz.

La raíz toma del suelo agua, nutrientes y oxígeno, las hojas captan dióxido de carbono y energía. El inicio de la formación de muchos aminoácidos y otras sustancias vegetales comienza en la raíz, y la formación final de proteínas se realiza en las hojas. Estos conocimientos básicos son fundamentales para el correcto manejo de una huerta orgánica.

El suelo deberá permitir un buen desarrollo de la raíz, necesitaremos que tenga nutrientes disponibles en tiempo y forma para la planta, que retenga agua, que sea suficientemente aireado y que no contenga sustancias tóxicas. Esta disponibilidad de nutrientes en tiempo y forma se refiere a encontrar el modo químico asimilable y adsorbido que retenga al nutriente hasta que por diferentes mecanismos sea traslocado hasta la raíz de la planta.

La agricultura orgánica basa sus técnicas en el cuidado del suelo, su buen manejo y la protección de la flora y fauna presentes en él.

La tierra está compuesta por rocas y minerales. Estos han sido modificados por factores que interactúan sobre ellos. El viento, el agua, el relieve, la vegetación, los animales y el hombre los erosionan, desintegrándolos hasta formar partículas de arcilla (muy pequeñas), limo (partículas intermedias) y arena (partículas grandes). La roca madre es la base donde se origina el suelo. Esta le otorga su color y características especificas.

Los suelos pueden dividirse en tres capas distintas, denominadas horizontes.

Tipos de horizontes del suelo	
Suelo	**Características**
Horizonte A	Es la capa superficial, fértil y rica en humus. Posee abundante materia orgánica y partículas inorgánicas de pequeño tamaño.
Horizonte B	Es una capa compuesta especialmente por partículas de arcilla.
Horizonte C	Es la base en donde se origina el suelo. Este horizonte se forma a partir de rocas fragmentadas. En particular la roca madre de los suelos argentinos, el *loess* tiene una granulometría semejante al limo.

Con esta información y la decisión de dónde ubicar la huerta, echaremos una mirada al suelo. Su color y su textura serán lo primero que analizaremos. Básicamente, encontramos suelos arenosos, limosos y arcillosos.

Suelos arenosos

Los suelos arenosos son permeables al aire y al agua, pero tienen un contenido bajo de nutrientes. A la hora de trabajarlos no acarrean problemas ya que demandan poco esfuerzo, debido a la particular forma de los granos de arena que no les permite colocarse de forma muy densa, dejando que fluyan el agua y el aire. Tienen un alto contenido de cuarzo pero faltan otros minerales fundamentales para el saludable desarrollo vegetal. Existen cinco tamaños diferentes de partículas de arena que pueden reaccionar frente al agua formando verdaderas costras superficiales, como ocurre en los suelos de la pampa arenosa. Los reconocemos al tomar una porción y ver cómo se escapa entre los dedos. A este tipo de suelo es necesario aumentarle la fracción húmica y la cantidad de materia orgánica.

Suelos arcillosos

Los suelos arcillosos son generalmente pesados e impermeables al aire y al agua. Su estructura platiforme o laminar es tan densa que ante la falta de agua se contraen fuertemente y se resquebrajan, por el contrario en presencia de agua estos suelos son pegajosos. Tienen la ventaja de almacenar nutrientes, pero es difícil trabajarlos porque son sumamente pesados. La forma práctica de reconocerlos es tomando una porción en la mano y al humedecerla es posible modelarla como plastilina. Este tipo de suelo mejora si le incorporamos una parte de arena gruesa y compost. Las coberturas naturales aumentan la formación de estructuras friables y el cultivo de abonos verdes afloja el suelo en profundidad para mejorar su estructura.

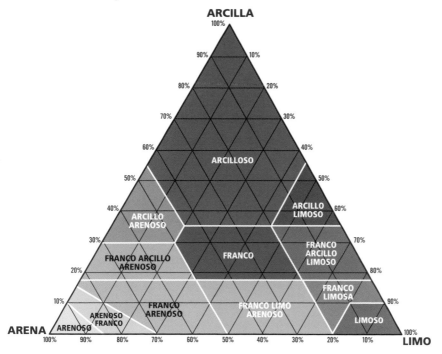

Tipos de suelo. Esta pirámide nos permite conocer la textura del suelo de nuestra huerta sabiendo las proporciones relativas de 2 de las 3 clases de partículas que lo componen: arena, arcilla y limo. Si el suelo tiene 20% de arcilla y 40% de limo, se busca el 20% en el lado de la arcilla y se sigue la paralela al lado de la arena; luego se busca el 40% en el lado del limo y se sigue la paralela al lado de la arcilla. El resultado estará donde se cruzan las dos líneas y en este caso corresponde a un suelo franco

Suelos limosos

Los suelos limosos son ricos en humus y retienen efectivamente el agua, el aire, el calor y los nutrientes. Físicamente poseen una estructura de malla densa comparados con los suelos arenosos. Los reconocemos porque se desmenuzan entre los dedos y poseen una estructura migajosa que se mantiene unida. Estos suelos requieren de un cuidado biológico: labranzas suaves, incorporación de compost, rotaciones y coberturas que aumentarán su fertilidad.

Suelos francos

Esta categorización no es la que generalmente encontraremos en nuestra parcela de suelo, sino una mezcla de ellos, una suerte de sistema en equilibrio. El suelo de nuestra huerta podrá ser franco-arcilloso, franco-limoso o franco-arenoso, dependiendo de las partículas que se encuentren mayoritariamente.

Conocer las características físicas del suelo es fundamental para acompañar el desarrollo saludable de nuestros cultivos. Un análisis del suelo revelará datos específicos y certeros sobre nuestro terreno, inclusive el pH, y la presencia y cantidad de materia orgánica.

¿Qué es la materia orgánica?

Es la fracción indispensable para el mantenimiento de la vida en el suelo. Está compuesta por toda sustancia muerta en el suelo proveniente de plantas, excreciones animales o microorganismos. Las raíces vivas y los animales que viven en el suelo no forman parte de la materia orgánica. Esta materia orgánica transformada por la acción de los organismos que habitan el suelo, como hongos y bacterias, da lugar a complejos húmicos, primer eslabón en la formación de humus.

¿Qué es el humus?

Es una sustancia marrón oscura, quebradiza, más o menos rica en nitrógeno, calcio y fósforo que depende para su formación de los restos de la vegetación de la cual proviene, del tipo de suelo, del pH del mismo, de los microorganismos que actuaron en su descomposición, del clima imperante en la zona y del manejo del suelo por parte del hombre.

La presencia de humus es fundamental en el desarrollo de los cultivos y la calidad del suelo porque lo protege contra la erosión producida por la lluvia y permite que el agua penetre profundamente con suavidad. A su vez reduce la erosión del viento al aglomerar las partículas finas del suelo, como la arcilla, y lo transforma en más grueso, evitando de esa manera que se vuele fácilmente; y controla la temperatura del suelo, regulándola de acuerdo con las condiciones externas del clima.

También proporciona elementos nutritivos a las plantas. Desprende los ácidos orgánicos que contribuyen a neutralizar los suelos de pH alcalino y liberar los minerales que se encuentran en la tierra para ser utilizados por las plantas, asimismo la solubilidad de cada nutriente dependerá del pH del suelo. Retiene el nitrógeno necesario para el intercambio y el consumo por parte de las plantas. Los terrenos sumamente arcillosos, o los totalmente arenosos, pueden ser mejorados con la introducción de humus.

El compost, los abonos verdes, el estiércol, el mantillo y los residuos vegetales, al ser enterrados, se descomponen formando humus. Si se deja a estos elementos en la superficie, también se formará, y hormigas, gusanos, lombrices y bichos bolita entre otros lo incorporarán al suelo.

La sanidad vegetal está asociada a la salud del suelo, en un suelo pobre y enfermo nunca obtendremos cultivos saludables. La incorporación de materia orgánica madura aumenta de tal manera la microflora benéfica a las raíces que los efectos saludables se observan en todo el cultivo.

Valores del pH

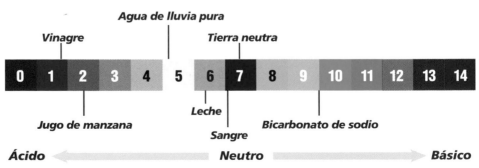

La escala del pH es logarítmica, por lo tanto 6, el valor inferior de la gama que prefieren la mayoría de las plantas hortícolas, es diez veces más ácido que el valor superior de 7.

La vida en el suelo

Para comprender mejor el rol del suelo en nuestra huerta debemos considerarlo como un organismo vivo, formado no sólo por las partículas minerales sino también por una serie de elementos que interactúan de forma dinámica entre sí.

Toda la vida sobre la tierra se origina en el suelo, el cual determina el tipo de micro y mesofauna presente en él, siendo éstas a su vez formadoras de suelo. Una manera de clasificar a los organismos del suelo es por su tamaño: en macroorganismos, mesoorganismos y microorganismos.

• Al primero y segundo nivel pertenecen los más conocidos, es decir, los que podemos ver a simple vista: ratones, cuises, lombrices, hormigas, arañas, culebritas, escarabajos, etc. Estos organismos son los primeros en atacar la materia orgánica, alimentándose de ella y sobre sus excreciones actúan los microorganismos. Los macroorganismos y los mesoorganismos, con su actividad, incorporan la materia orgánica al suelo, removiéndolo y mejorando la circulación de aire, agua y nutrientes. Las lombrices realizan una transformación química de su alimento ya que poseen una microflora digestiva muy rica compuesta principalmente por actinomicetes. Con su actividad no sólo airean el suelo al construir túneles sino que sus deyecciones son seis veces más ricas en actinomicetes, cinco veces en nitrógeno asimilable, dos veces en calcio asimilable, dos y media veces en magnesio asimilable, siete veces en fósforo asimilable y once veces en potasio asimilable.

• Los microorganismos juegan un rol tan importante en la biología del suelo que puede afirmarse que sin su presencia no es posible la vida de los demás seres. Entre ellos encontramos hongos, bacterias, actinomicetes, algas microscópicas, protozoarios y muchos más. Cada grupo de organismos está muy especializado en su tarea y se desarrolla sobre determinados sustratos tales como celulosa, almidón o proteínas para obtener la energía necesaria para crecer y reproducirse, dejando a su paso un residuo más simple y mineralizado que luego quedará a disponibilidad de las plantas superiores. Las bacterias responsables de mejorar la estructura de los suelos y las capaces de fijar el nitrógeno atmosférico y modificarlo para que pueda ser absorbido por las plantas también forman parte de este grupo.

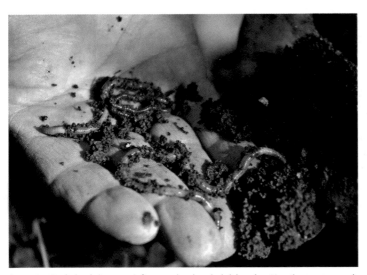

Fórmula

Para contar las lombrices podemos salpicar con agua ligeramente jabonosa (1 parte de jabón líquido en 200 partes de agua) una superficie determinada y contar las lombrices que van saliendo, esto no las dañará, pero es conveniente enjuagarlas con agua limpia y regar el suelo antes de volver a liberarlas.

La presencia de lombrices nos informa sobre la salud del suelo. Una tierra sana puede tener más de 100 lombrices por m². Si encontramos menos de 12 lombrices por m² significa que hay una carencia de materia orgánica, que el pH está mal o hay presencia de tóxicos.

La importancia de la incorporación periódica de materia orgánica en las labranzas radica en que de esta manera se reaviva el mecanismo por el cual ciertas bacterias del suelo— las descomponedoras aerobias de la celulosa— transforman estos materiales orgánicos en un azúcar ácido —el ácido poliurónico— conocido como "la jalea" o "la cola bacteriana". Esta sustancia actúa uniendo las partículas de suelo y formando los llamados "agregados". Posteriormente esta jalea es consumida por hongos que envuelven estos agregados con sus hifas, haciéndolos más estables y resistentes frente a la erosión y la lluvia.

Los hongos son particularmente importantes en la descomposición de la madera reciclando activamente sus elementos esenciales, como este hermoso hongo saprófito nutriéndose de madera muerta proveniente de un nogal.

Este es el aspecto que presenta el mismo hongo un mes más tarde luego de haber liberado sus esporas que se diseminaron y continuaron su ciclo de vida.

En el suelo se observa la confluencia de dos procesos: la meteorización de la roca madre y la descomposición de la materia orgánica. Los microorganismos del suelo segregan poderosas enzimas sobre la materia que han de descomponer. Una vez que estas sustancias han digerido el material, los productos resultantes son absorbidos a través de la membrana celular de los microorganismos y los productos de desecho son los nutrientes simples que las plantas absorberán por las raíces.

Conociendo un poco las delicadas sucesiones de reacciones, interacciones y lo vital que es un suelo, es comprensible la actitud de mejora y cuidado que debemos proporcionarle a éste.

Las herramientas a usar y las labores que realizaremos estarán en función de incrementar la salud y fertilidad de nuestro suelo de forma orgánica.

Detalle de los dientes de las horquillas. Con estas herramientas se trabajan los suelos de forma orgánica.

Plantas indicadoras de las condiciones del suelo

La vegetación espontánea contiene información acerca de las características físicas y químicas del suelo donde están implantadas.

Suelos fértiles, profundos y bien drenados están cubiertos por plantas diferentes que las que cubren suelos fértiles, pero anegadizos y éstas difieren de las que cubren los suelos bajos.

Suelos fértiles			
Nombre común	**Nombre científico**	**Nombre común**	**Nombre científico**
Achicoria	*Cichorum intybus*	**Lengua de vaca**	*Rumex crispus*
Borraja	*Borago officinalis*	**Llantén**	*Plantago major*
Caapiquí	*Stellaria media*	**Ortiga**	*Urtica urens y dioica*
Cebadilla criolla	*Bromus unioloides*	**Pasto miel**	*Paspalum dilatatum*
Chamico	*Datura ferox*	**Sorgo de Alepo**	*Sorghum halepensis*
Flor morada	*Echium plantagineum*	**Trébol blanco**	*Trifolium repens*
Galinsoga	*Galinsoga parviflora*	**Verbena**	*Verbena bonaerensis*
Huevo de gallo	*Salpichroa origanifolia*		

Esta ortiga criolla (Urtica urens) se desarrolla a sus anchas dentro de una conejera, donde el suelo es muy rico en nitrógeno.

Galinsoga (Galinsoga parviflora). Esta planta adventicia se desarrolla en suelos fértiles y húmedos.

Caapiquí (Stellaria media). Esta maleza es frecuente en las huertas, sus semillas son apreciadas por los pájaros que encuentran en ellas aceites nutritivos.

Suelos bajos	
Nombre común	**Nombre científico**
Pasto salado	*Distichlis spicata*
Cebollín	*Cyperus rotundus*
Menta	*Mentha sp.*

Menta. Esta planta aromática es también un indicativo de suelos bajos.

CAPÍTULO
4

Las herramientas
necesarias

Las herramientas necesarias

¿Qué herramientas se necesitan?

A continuación, se detallan las herramientas indispensables en la huerta que serán de utilidad a la hora de ponerse a trabajar.

No son necesarias herramientas muy complicadas en el cultivo de hortalizas, sólo pala y horquilla son indispensables para los trabajos del suelo, pero el resto de las herramientas destinadas a tareas específicas hacen que el trabajo sea más cómodo y llevadero.

• **Pala:** se utiliza para demarcar el sector destinado a cultivo, cavar hoyos o cargar. Es la herramienta más versátil en una huerta y debemos conservarla afilada y limpia para facilitar las tareas.

• **Rastrillo:** herramienta que permite al horticultor nivelar superficies, refinar la tierra, amontonar malezas, entre otras tareas.

• **Horquilla de dientes planos** (horquilla papera, horca o laya, todos sinónimos): es una de las herramientas más usadas en la huerta orgánica. Permite remover la tierra, aflojar las malezas y airear el suelo sin invertir el pan de tierra como en la labor de punteo. Existe otra versión, la horquilla de doble cabo. Esta herramienta permite ampliar la superficie de trabajo con respecto a la horquilla simple y distribuir mejor el esfuerzo ya que se acciona con ambas manos.

Con la ayuda de la pala chata marcamos el borde del tablón de cultivo, de esta forma limitamos el trabajo de horquillado y cortamos los rizomas de algunas malezas.

Horquillas. Una de las herramientas más usadas en la huerta orgánica. Permite remover la tierra, aflojar las malezas y airear el suelo. La misma herramienta en tres medidas diferentes, adaptadas a la altura de quien la utilizará.

• **Carretilla:** se destina al transporte de pesos o grandes volúmenes dentro de la huerta. Es importante diseñar el ancho de los caminos en función de una cómoda circulación de esta herramienta.

• **Azada:** permite desmalezar caminos, nivelar superficies y airear en forma superficial; una variante, la azada dentada, permite también descalzar raíces rebeldes.

Volcado de carretilla.

Herramientas de mano

Las herramientas de mano se destinan a las tareas más delicadas.
• **Palita para trasplante:** permite trasladar el plantín desde el contenedor del almácigo al tablón minimizando el daño en las raíces.

• **Plantador:** se utiliza en la huerta para preparar el hoyo en el tablón de producción, los hay metálicos, pero generalmente son de madera dura.

• **Escardillo:** la función del escardillo es desmalezar alrededor de las plantas, airear el suelo y ralear algunas especies sembradas en línea.

El cuidado de las herramientas

Para que las herramientas sigan conservando su calidad original, requieren cuidados y mantenimiento adecuado. El óxido es el elemento que más agrede las partes metálicas de las herramientas, dificultando las tareas; éste se controla con el uso periódico y la limpieza posterior al uso. La madera de los cabos y mangos también es agredida por el barro y la humedad, lo que reduce su vida útil.

El cuidado corporal al usar las herramientas

El gran sentido de la producción orgánica de vegetales es el cuidado de la salud humana y ambiental. Coherente con este sentido corresponde prestar especial atención al cuidado del cuerpo en la realización de las labores en la huerta. Teniendo en cuenta estos cuidados simples y adquiriendo destreza y habilidad en el manejo de las herramientas, no sólo evitaremos lesiones sino que disfrutaremos del cuidado de nuestra huerta sin riesgos.

• Las herramientas son valiosas aliadas, pero mal usadas acarrean dolores y lesiones, por esta razón es recomendable ajustar su largo y peso a nuestra altura y contextura física, no adaptar el cuerpo a los mangos y cabos estándares sino a la inversa, la herramienta está a nuestro servicio. Personas muy altas o bajas, corpulentas o menudas no pueden utilizar la misma herramienta con eficacia.

• La fuerza de gravedad es fundamental, si luchamos contra ella sólo lograremos agotar nuestras fuerzas antes de terminar la labor, por lo tanto es conveniente aprovecharnos de ella, esto implica una postura corporal con el tronco erecto, bajando el centro de gravedad de nuestro cuerpo con la flexión de rodillas y no inclinando el tronco con las rodillas extendidas.

Forma correcta de cargar una carretilla: se flexionan las rodillas y se acompaña el movimiento con el torso. Si no se está acostumbrado a este tipo de tareas, es preferible llenar la pala a media carga que a carga completa.

• Para levantar objetos del piso, y más aún si pesan, debemos valernos de la fuerza de las piernas, es decir, flexionarlas hasta llegar con los glúteos casi hasta el suelo, en lo posible sin levantar las plantas del pie del piso, desde esta posición acercar el peso lo más posible a nuestro eje central, junto al pecho, así podremos levantar el cuerpo y el objeto juntos, sin exigir a nuestra cintura. La estrategia de dividir para triunfar es saludable si el peso es exagerado para nuestra capacidad o sea, pedir ayuda a otra persona o dividir el objeto a levantar o trasladar.

Como medida de cuidado y protección para nuestra columna vertebral debemos prestar atención de no adelantar la cabeza más allá del pie que está al frente, todo lo que pasemos de esta línea imaginaria puede dañar nuestra cintura lumbar. Debemos intentar que la herramienta caiga sobre el suelo y no golpear con ella. Esto evitará el dolor o cansancio de hombros, trapecio y columna dorsal.

• Las tareas de rastrillado o similares es conveniente ejecutarlas desplazándonos con pasos cortos, el tronco erecto y valiéndonos del largo del cabo sin apoyarnos sobre él, sólo haciéndolo deslizar en nuestra mano, sin aferrarnos con ambas manos sino con una; la mano de adelante es la que desliza.

• La disposición de los tablones de cultivo debe proyectarse contemplando nuestro alcance desde cada lado sin sobre extender el tronco.

La altura de la horquilla o la pala debe tener una medida que va desde 5 cm por encima hasta 5 cm por debajo del ombligo.

El ancho de los tablones de cultivo debe proyectarse contemplando nuestro alcance desde cada lado sin tener que sobreextender el tronco.

Forma correcta de usar la horquilla. Sólo debe ejercerse una leve presión con el pie, observaremos cómo en cada horquillada los dientes de la herramienta llegan a mayor profundidad con mínimo esfuerzo.

Los cabos de las azadas y los rastrillos deben adaptarse a la altura del trabajador.

Forma correcta de usar una azada. Esta herramienta permite desmalezar caminos, nivelar superficies y airear en forma superficial.

• Si nuestras rodillas se cansan de estar flexionadas podemos recurrir a un pequeño banquito o eventualmente apoyar una rodilla en el suelo y la planta del pie de la otra pierna.

• El cuidado de las herramientas se relaciona directamente con la salud y seguridad del trabajador. Dolores lumbares, llagas en las manos, contracturas musculares en general son evitables con una buena elección de herramientas y su mantenimiento posterior.

El trabajo de horquillado

El trabajo de horquillado es conveniente realizarlo con una horquilla que, al apoyarla sobre el suelo, el mango no nos quede más arriba de la boca del estómago ni más abajo del ombligo. Ubicamos ambas manos sobre el mango, con los hombros relajados, codos junto al cuerpo y con un pie sobre la herramienta para poder producir una presión hacia abajo con el peso/fuerza del pie y un balanceo con los brazos hacia atrás y adelante.

Estas mismas medidas de la horquilla podemos considerarlas como referencia para elegir la pala de punta o la pala chata. El largo del cabo de la azada o el rastrillo se determina parando de forma vertical la herramienta, ésta debe llegar a la altura de los ojos. Esta longitud evita doblar en exceso la cintura si la herramienta es corta y desaprovechar parte del cabo, si es larga.

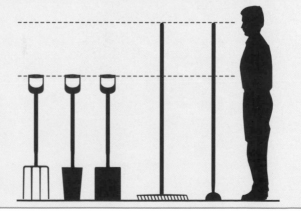

CAPÍTULO

5

Labores y prepa-
ración del suelo

Capítulo
5

Labores y preparación del suelo

El laboreo del suelo

Comprende las distintas manipulaciones mecánicas a las que se somete para mejorar sus condiciones físicas, químicas y biológicas en provecho de los cultivos.

Un objetivo de la agricultura orgánica es trabajar el suelo lo menos posible para conservar y potenciar la actividad de organismos vivos que se encargarán de efectuar este laboreo de forma continua y permanente.

La preparación del suelo paso a paso

1- Determinamos el espacio destinado a los canteros, clavamos cuatro estacas y las unimos con hilo. Con la ayuda de una pala chata y siguiendo el recorrido del hilo, delimitamos el tablón. Una profundidad de ½ pala será suficiente.

3- Cubrimos el suelo con una capa de 5 cm de material seco (paja, hojas, etc.) y posteriormente regamos. El trabajo de la horquilla aumenta la aireación del suelo y la cobertura ayuda a mantener la humedad y a quitar luz a las malezas.

5- Para incrementar la actividad biológica incorporamos compost maduro a razón de 1 L x m lineal de cantero, volvemos a cubrir y regar si es necesario. Sólo sacaremos las malezas que salgan sin esfuerzo. La horticultura orgánica respeta tiempos biológicos, que variarán según la estación del año. Con esta segunda horquillada observaremos el suelo mullido y elevado en relación con los caminos.

6- Realizamos una tercera y cuarta horquillada en diagonal si vemos que el suelo tiene muchos terrones y hay malezas. Cada suelo tiene su tiempo.

2- Si se orienta el cantero en sentido Norte-Sur, realizamos una primera horquillada en sentido Este-Oeste.

4- Esperamos aproximadamente 7 días, retiramos la cobertura y realizamos una segunda horquillada en sentido Norte-Sur, cruzando la horquillada anterior. En este paso ya podremos retirar algunas malezas.

7- Si logramos una tierra migajosa y suelta, con la pala chata, remarcamos los bordes del cantero y elevamos la tierra hasta formar un trapecio. Compactamos los bordes para evitar que se desmorone la tierra y con el rastrillo dejamos la superficie pareja. Así queda listo para recibir las semillas o los plantines.

Tablones delimitados por hilo y estacas. Con la pala chata se marcan los bordes y se realiza el primer horquillado.

Posterior al primer horquillado se cubre con material orgánico seco y se riega. En este caso se usaron hojas secas de plátano (Platanus sp).

Con la ayuda de un rastrillo se alisa la superficie del lomo. El suelo ya está listo para la siembra o el trasplante.

Se marcan los surcos y se aplica compost maduro. Las semillas entrarán en contacto directamente con el compost.

Cantero sobreelevado con plantines de repollo colorado, repollo corazón de buey, cebollas de verdeo y lechugas hoja de roble. Como cobertura se usó paja de trigo.

Coberturas del suelo

El suelo desnudo queda indefenso ante la incidencia de los rayos UV que destruyen su delicada vida. La lluvia golpea la tierra compactándola; el viento arrastra la capa superficial del suelo; y las heladas, en invierno, penetran en la tierra paralizando la actividad biológica.

En la naturaleza la capa de humus siempre está cubierta por una capa de plantas vivas o por desechos orgánicos. Si por alguna razón natural o por incidencia del hombre o los animales esta capa se desgarra, en poco tiempo comienzan a brotar hierbas silvestres que "cierran" la herida. Observando este fenómeno natural, los horticultores orgánicos recurren a coberturas naturales para proteger el suelo. Hay diferentes maneras de cubrir un suelo: mediante la cobertura vegetal, el compostaje de superficie y la cobertura con plantas vivas.

Formas de cubrir el suelo	
Tipos de cobertura	**Características**
Cobertura vegetal	Se utilizan restos orgánicos desmenuzados como césped cortado y seco, malezas secas, paja o chips de corteza de árboles. Estos materiales se extienden a modo de cubierta sobre el suelo de los canteros.
Compostaje de superficie	Se utiliza compost a medio madurar, pero como se describe en el apartado sobre compost, este también necesita una "piel" exterior, por lo tanto luego de aplicar el compost de superficie lo cubriremos con una fina capa de paja u otro material protector.
Cobertura con plantas vivas	Consiste en la siembra de plantas (idealmente leguminosas) que luego se cortan y permanecen como una cubierta verde.

Acopio de paja. Es importante acopiar y proteger los materiales que usaremos como coberturas o para compostar.

Estas coberturas deben ser económicas y fáciles de conseguir en la zona donde estemos establecidos, inclusive las piedras en las zonas secas mantienen la humedad y protegen el suelo. Los suelos se benefician ya que se evita la pérdida de humedad y de calor, generándose un microclima favorable para los seres vivos que con su actividad mejoran la fertilidad. La protección física dada por la cobertura impide el encharcamiento y el endurecimiento del suelo. Asimismo es un excelente control de malezas porque al impedir el paso de luz solar éstas no pueden desarrollarse.

Las labores de la huerta se facilitan con el uso de las coberturas ya que el suelo permanece más esponjoso, hay menos malezas para controlar, disminuye el riego al mantener la humedad por debajo de estas, disminuye el abonado porque los microorganismos presentes bajo la cubierta producen sustancias nutritivas y se facilitan las tareas de cosecha y mantenimiento general.

Durante los meses cálidos es vital acolchar el suelo de la huerta, pero en épocas de mucha humedad es conveniente retirar a discreción la cobertura. También durante la primavera permitiremos que el sol entibie el suelo, dejando una cobertura muy fina.

El riego

El volumen de agua y la frecuencia correcta de riegos es otro factor importante para mantener la salud del suelo y de las plantas.

Por medio de las raíces las plantas absorben el agua que contiene los nutrientes en solución. Parte de esta agua se pierde a través de las hojas por transpiración. La intensidad de la transpiración está en función de la temperatura, de la luz, la humedad relativa y el efecto del viento lo que tiene una acción directa sobre la absorción del agua por las raíces. Si la transpiración excede a la absorción, las hojas comienzan a marchitarse con el fin de reducir la transpiración; reduciéndose así la velocidad de crecimiento. Esto se traduce en un menor desarrollo de los tejidos que en lugar de estar jugosos e hidratados se vuelven coriáceos, duros y hasta fibrosos.

La incorporación al suelo de materia orgánica permite regularizar la capacidad de retención del agua, mejorar los suelos pesados y compactos y retener mayor cantidad de agua en los suelos arenosos.

Las hortalizas se mantienen tiernas y sanas mientras no les falte agua en la cantidad correcta.

Las lluvias por lo general no satisfacen las necesidades de los cultivos, particularmente en verano, cuando las hojas no sólo pueden volverse duras sino que las plantas pueden semillar antes de tiempo, terminando su ciclo. En cambio, el exceso de humedad puede favorecer la aparición de enfermedades y los vegetales obtenidos son de mala calidad y con muy poco sabor.

En verano los riegos deben ser diarios y es conveniente evitar las horas de sol fuerte, se estima que se necesitarán de 3 a 5 l de agua por m² de tierra. En invierno los riegos son más espaciados y en las horas de sol.

Los volúmenes de agua para el riego pueden variar mucho según el tipo de suelo, los vientos y el uso de cobertura que mantiene la humedad.

Gotas de lluvia sobre un flor de arvejilla.

Tipos de riego

Riego por goteo

Es muy eficiente y optimiza el aprovechamiento del agua al evitar las pérdidas por evaporación. El agua va directamente a la raíz y genera zonas de humedad hacia donde se dirigen las raíces. No se mojan las hojas, previniéndose el ataque de hongos.

El mecanismo consiste en una serie de caños de 16 mm con pequeños orificios a una distancia de 0,20 m a 0,40 m entre sí, que regulan la salida de agua en pequeñas gotas. Estos caños se colocan a lo largo de los canteros. La frecuencia de riego se adapta a los cultivos asociados, la época del año y el tipo de suelo.

La provisión de agua puede surtirse de una canilla común ya que no necesita mucha presión. Existen también otros caños y mangueras chatas que se entierran y liberan agua por microporos.

El riego por goteo consiste en la colocación de caños a lo largo de los canteros. La frecuencia de riego se adapta a los cultivos asociados, la época del año y el tipo de suelo.

Riego manual

Una de las condiciones al diseñar la huerta es la cercanía a la provisión de agua. En una huerta familiar una canilla es la solución.

A las regaderas y a las mangueras es recomendable incorporarles una flor fina para evitar el "golpe" del chorro de agua en el suelo. En líneas generales, una huerta con manejo orgánico mantiene niveles más altos de humedad en el suelo que una de manejo convencional, lo cual se traduce en un ahorro de agua, principalmente cuando nos encontramos en zonas áridas, ventosas y con poca cantidad de lluvias.

Para evitar pérdidas mayores por evaporación y transpiración conviene recordar:

• Mejorar el suelo: la manera más rápida y mejor de retener la humedad es incorporando materia orgánica en forma de compost y coberturas vivas.

• Usar coberturas naturales: cortes secos de césped, hojas secas o cortezas que mantienen el suelo fresco, retienen humedad y lo protegen de los efectos del sol y del viento. Con el tiempo estas coberturas pasarán a formar parte de la materia orgánica del suelo, por lo tanto debemos reponerla con cierta frecuencia.

• Regar con inteligencia: las plantas requieren agua continuamente. Las demandas son mínimas por la noche y máximas al mediodía. La mejor hora para regar es la mañana ya que se minimiza la evaporación y al mediodía las plantas tendrán cubiertas sus necesidades. Las hortalizas pueden necesitar agua diariamente, pero no los sectores con césped o pequeñas praderas que con un solo riego semanal es suficiente, asimismo durante la época estival los cortes de césped, si los realizamos a más altura, permitirán mantener el suelo fresco y conservar la humedad.

• Construir protecciones para filtrar el viento: el calor y la falta de lluvia son característica de la sequía, pero el viento puede ser un enemigo peligroso al "deshidratar" las plantas. Un cerco vivo que aísle la huerta y frene el viento es la solución que parte desde el diseño de la misma.

El riego con regadera es posiblemente la forma más frecuente de suministrar agua en una huerta familiar. Es importante incorporar una flor difusora para disminuir el impacto del agua en el suelo.

CAPÍTULO
6

Por qué se agotan
los suelos

Capítulo 6

Por qué se agotan los suelos

Las plantas al crecer van tomando del suelo los nutrientes necesarios para su desarrollo, en la agricultura orgánica no se incorporan fertilizantes de síntesis química pero por diferentes técnicas de laboreo y abonado natural se mantiene e incrementa la fertilidad.

Los suelos pueden agotarse por diversos motivos, pero principalmente existen dos de gran importancia:

• repetir los mismos cultivos en el mismo lugar todos los años.	• cultivar sin reponer los nutrientes que las plantas consumen.

Para evitarlo cuidaremos la fertilidad de nuestra huerta orgánica familiar de la siguiente forma:

> **• rotando los cultivos   • asociando diferentes cultivos   • abonando.**

Rotación de los cultivos

En un pequeño espacio con un manejo intensivo y, donde van a convivir una gran variedad de hortalizas, si repitiéramos los mismos cultivos ciclo tras ciclo terminaríamos agotando el suelo de nutrientes. La rotación consiste en aprovechar las diferentes capacidades de las plantas para extraer nutrientes y en la aptitud que tienen otras especies de mejorar y enriquecer el suelo. Si rotamos los cultivos año tras año logramos también prevenir el ataque de plagas y enfermedades.

Para comprender las razones por las cuales es conveniente rotar los cultivos debemos recordar cuáles son los estadios por los que pasa una planta de ciclo anual.

Los estadios de una planta anual

1. El primer estadio corresponde al de semilla, con el embrión en su interior y protegido por diferentes capas.

4. Su ciclo continúa con la producción de frutos. Estos frutos maduran llevando en su interior las semillas que garantizan la próxima generación. Cumplida esta etapa, la planta muere y completa su ciclo de vida.

2. En condiciones apropiadas de humedad, temperatura y luz esta semilla germina emitiendo una radícula y comenzando la formación de una plántula.

3. Esta plántula se convierte en una roseta al tener una serie de hojas, continúa desarrollándose y llega a la etapa de floración.

El período que transcurre desde que germina la semilla hasta el momento que se inicia la floración se denomina período vegetativo. El estadio de roseta es prolongado en el tiempo y en esta etapa la planta acumula energía que utilizará posteriormente para florecer y fructificar. El período reproductivo se inicia con la floración, continúa con la producción de frutos y semillas y finaliza con la muerte de la planta.

En nuestra huerta cosechamos las plantas en diferentes estadios:

• *Plantas en estadio de roseta:* rúcula, radicheta, lechuga y espinaca.

• *Plantas en estadio de floración:* brócolis, alcauciles y coliflores.

• *Plantas en estadio de fructificación:* tomates, berenjenas, ajíes y zapallos.

Cuanto más avanzado esté el ciclo de vida de la planta mayor será la demanda de nutrientes.

Brócoli. Consumimos las inflorescencias.

Haba. Esta leguminosa no sólo repone nutrientes, sino que con sus raíces mejora los suelos, dejándolos preparados para cultivos más exigentes.

Tomates. Sus frutos enriquecen nuestras comidas estivales.

Lechuga. Cosechamos las lechugas en estadio de roseta para consumir sus hojas.

Según su exigencia de nutrientes podemos clasificarlas en:	
Plantas reponedoras	Son plantas que tienen la capacidad de enriquecer el suelo al asociarse con microorganismos, formar nódulos y fijar el nitrógeno gaseoso. Están representadas por las leguminosas como las habas y la alfalfa. Son importantes como primer cultivo por preparar el suelo para cultivos más delicados y por su gran aporte en biomasa foliar y radicular.
Altas consumidoras	Están representadas por las productoras de frutos (tomate, berenjena, pimientos, zapallos) y flores (coliflor, brócoli).
Medianas consumidoras	A este grupo pertenecen las cebollas, ajos, zanahorias, remolacha, hinojo, lechuga, espinaca y rabanitos.
Bajas consumidoras	Son las plantas que toman del suelo lo que necesitan pero a su vez aportan nitrógeno, como las arvejas y chauchas (ambas leguminosas). Las hierbas aromáticas si bien no aportan nitrógeno tienen una exigencia baja de nutrientes en comparación con las hortalizas y por lo tanto son incluidas en este grupo.

Si iniciamos nuestra huerta en un suelo muy rico, en el primer año cultivaremos las altas consumidoras, muy exigentes en nutrientes. En el segundo año en su lugar se cultivarán las medianas consumidoras, menos exigentes y finalmente las bajas consumidoras. Posteriormente un ciclo de "reponedoras" abastecerá de nutrientes perdidos en el suelo.

Si partimos de un suelo pobre será conveniente comenzar con la siembra de plantas "reponedoras" para luego continuar el ciclo:

REPONEDORAS
Se asocian con microorganismos y forman nódulos
HABAS - ALFALFA
Aportan mucha biomasa en sus raíces

BAJAS CONSUMIDORAS
ARVEJA - CHAUCHA
HIERBAS AROMÁTICAS

ALTAS CONSUMIDORAS
Flores y frutos. Crucíferas como **REPOLLO, COLIFLOR, BRÓCOLI;** y solenáceas como **TOMATE, BERENJENA**

MEDIANAS CONSUMIDORAS

Otra forma de rotar los cultivos consiste en clasificar las plantas según el órgano que desarrollan en raíces, hojas, flores o frutos. El primer año cultivamos frutos (maíz, tomate, zapallo), luego flores (coliflor, brócoli), luego hojas (espinaca, lechuga, puerro) y para finalizar raíces (remolacha, zanahoria).

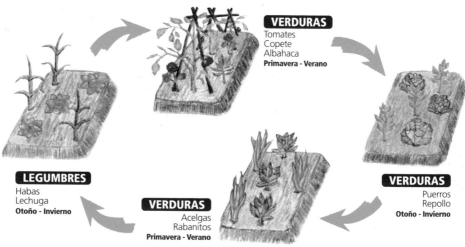

VERDURAS
Tomates
Copete
Albahaca
Primavera - Verano

LEGUMBRES
Habas
Lechuga
Otoño - Invierno

VERDURAS
Acelgas
Rabanitos
Primavera - Verano

VERDURAS
Puerros
Repollo
Otoño - Invierno

Ejemplo de rotación en la huerta orgánica intensiva.

Para prevenir el ataque de plagas o enfermedades es importante que en un cultivo la planta que sucede a la anterior no sea de la misma familia botánica.
Las principales familias botánicas hortícolas son las siguientes:

Principales familias botánicas hortícolas	
Familias botánicas	**Hortalizas**
Compuestas o asteráceas	alcaucil, achicoria, lechuga
Quenopodiáceas	remolacha, espinaca, acelga
Crucíferas	coliflor, repollo, repollitos de Bruselas, akusai, rabanitos, berro, rábanos, nabos
Cucurbitáceas	pepinos, zapallitos, zapallo, melón, sandía
Leguminosas	habas, chauchas, lentejas, arvejas, trébol, alfalfa
Liliáceas	ajo, espárragos, cebollas, puerro, ciboulette
Umbelíferas	zanahoria, apio, perejil, cilantro, hinojo
Solanáceas	berenjenas, ajíes, tomate, papa

Asociación de cultivos

Las plantas modifican su entorno a causa de las secreciones de las raíces y por esta razón influyen en el crecimiento de las plantas vecinas. Este fenómeno ha sido observado y utilizado desde la Antigüedad por los chinos y los pueblos indígenas de América. Los primeros colonos de América observaron cómo los nativos cultivaban intercalando maíz con porotos.

Las asociaciones de plantas se basan en las observaciones y experiencias de los horticultores biológicos por decenas de años; y las investigaciones científicas aportan más información sobre los procesos que estimulan o inhiben el crecimiento de plantas vecinas.

Asociar significa combinar dos plantas con un fin particular. Este fin suele ser generalmente el control de plagas, pero en la práctica son más los factores que inciden en el buen desarrollo de los cultivos asociados.

Algunos cultivos tienen la capacidad de repeler plagas por sus aromas como muchas liliáceas. Los ajos liberan olores que protegen de las plagas más frecuentes a porotos y papas y las cebollas "protegen" a las frutillas. La albahaca repele a la chinche fétida que ataca al tomate, y a su vez el olor del follaje del tomate que contiene solanina, un compuesto tóxico volátil, protege a repollos y brócolis del ataque de insectos.

Albahaca. Repele a la chinche fétida que ataca al tomate, a su vez el olor del follaje del tomate que contiene solanina, un compuesto tóxico volátil, protege a repollos y brócolis del ataque de insectos.

Ya sabemos que no todos los insectos son enemigos, al contrario. Asociando con plantas que den protección a los predatores no sólo aumentaremos la biodiversidad sino que estos insectos controlarán las plagas. Por ejemplo, el eneldo es muy atractivo para arañas, crisopas y avispas parásitas que controlarán las orugas en los repollos, los escarabajos en los pepinos y los áfidos en las lechugas.

El combinar cultivos complementarios se basa en la no-competencia, aún cuando estén en espacios reducidos. Plantas con raíces profundas como los zapallos asociadas a plantas con raíces superficiales como las cebollas no compiten, ya que cada una toma nutrientes del suelo a distinta profundidad. Cultivos que necesitan muchos nutrientes, los altos consumidores como las berenjenas, combinan bien con los bajos consumidores como las arvejas o las chauchas.

Asociación de zanahoria (follaje plumoso), espinacas en el centro del tablón y puerros en la cabecera. Como los brócolis desarrollarán mucho follaje, se los cultiva en los laterales para que no proyecten sombra a los otros cultivos.

Asociación de remolacha y rúcula desarrollándose conjuntamente.

Las cañas del maíz son ideales para el sostén de las chauchas y los girasoles proveerán de sombra refrescante en el verano a las lechugas.

Pero como hay plantas que se desarrollan de manera particularmente buena al estar juntas, hay otras que prefieren mantener alejadas a las vecinas por medio de inhibidores químicos que liberan al aire o al suelo. Este fenómeno se denomina alelopatía.

Los repollos y los brócolis son levemente alelopáticos. La artemisia puede interferir en el desarrollo de las plantas cercanas, inclusive las caléndulas tienen un suave efecto alelopático mientras se están desarrollando y al descomponerse.

Caléndula. Estas florales tienen un suave efecto alelopático mientras se están desarrollando y al descomponerse. Pero en el balance final presentan más beneficios que problemas al conjunto de la huerta.

Durante siglos los hortelanos fueron transmitiendo de generación en generación los conocimientos sobre qué planta prosperaba bien junto a qué otra para obtener abundantes y sanas cosechas. Ahora que disponemos de información escrita, no debemos descartar nuestras propias experiencias ya que nuestra huerta es única e irrepetible en el planeta. La utilidad asociada a la belleza también es una excelente fórmula en una huerta familiar. La incorporación de hierbas y flores no sólo embellecerá el lugar sino que aumentará la biodiversidad favoreciendo la salud del suelo, de los cultivos y finalmente de nosotros mismos.

Asociación de repollo, cebolla y rabanitos (en la banda central). Los contrastes de colores y texturas de las hortalizas llenan de belleza una huerta.

Asociación de tomates con copetes. Forma de sostener las plantas de tomates con tensores en un invernáculo.

Detalle del crecimiento de plantas provenientes de la siembra directa en banda asociada de zanahoria y rúcula. Los brócolis se sembraron en almácigo y fueron posteriormente trasplantados. La cobertura de paja protege el suelo

Crecimiento asociado de lechuga y repollo.

Asociaciones de cultivos

Hortalizas	Asociación favorable	Asociación desfavorable
Acelga	Apio, lechuga, cebolla	Espárrago, puerro, tomate
Achicoria	Apio, lechuga, cebolla	Coliflor, repollo
Ajo	Frutilla, papa, tomates, lechuga	Coliflor, chaucha, arveja
Apio	Remolacha, coliflor, cucurbitáceas, chaucha, puerro, acelga, arvejas, tomate	Lechuga, maíz, perejil
Arvejas	Espárrago, zanahoria, apio, coliflor, repollo, pepino, lechuga, maíz, nabo, papa, rabanitos	Ajo, cebolla, puerro, perejil
Berenjena	Chauchas	Papa
Cebolla	Remolacha, zanahoria, pepino, frutilla, lechuga, perejil, puerro, tomate	Coliflor, chauchas, arvejas, papa
Coliflor	Remolacha, apio, chaucha, lechuga, arveja, papa, tomate	Ajo, hinojo, puerro, rabanito, cebolla
Chauchas	Berenjena, zanahoria, apio, coliflor, espinaca, frutilla, lechuga, maíz, nabo, papa, rábanos, caléndulas	Ajo, remolacha, hinojo, cebolla, acelga
Espárrago	Pepino, perejil, puerro, arveja, tomate	Ajo, remolacha, cebolla
Espinaca	Repollo, frutilla, chaucha, nabos, rabanitos	Remolacha, acelga
Frutilla	Ajo, ciboulette, espinaca, chaucha, lechuga, nabo, cebolla, puerro, caléndula	Repollo
Hinojo	Apio, puerro	Coliflor, repollo, chaucha, tomate
Lechuga	Remolacha, zanahoria, coliflor, repollo, pepino, habas, frutillas, nabo, cebolla, puerro, arvejas, rabanitos	Perejil
Maíz	Zapallos, zapallitos, melones, pepinos, chauchas, arvejas, tomate	Remolacha, apio, papa
Nabo	Arvejas, espinaca, chaucha, lechuga	Remolacha, apio, papa
Papa	Ajo, taco de reina, apio, repollo, haba, chaucha, arveja, caléndula, tomate	Berenjena, pepino, cebolla, maíz
Pepino	Espárrago, albahaca, apio, repollo, coliflor, ciboulette, chaucha, lechuga, maíz, arvejas	Papa, rábanos, tomate
Puerro	Espárrago, zanahoria, apio, hinojo, frutilla, lechuga, cebolla, tomate	Remolacha, coliflor, perejil, acelga, arvejas
Rábano	Zanahoria, espinaca, chaucha, lechuga, arveja, tomate, ajo	Repollo, coliflor, zapallo
Remolacha	Apio, coliflor, lechuga, cebolla	Espárrago, zanahoria, chaucha, puerro, tomate
Tomate	Ajo, albahaca, capuchina, tagetes, zanahoria, apio, coliflor, cebolla, perejil, puerro, taco de reina, maíz	Remolacha, hinojo, acelga, arveja

Asociaciones de cultivos

Hortalizas	Asociación favorable	Asociación desfavorable
Zanahoria	Ciboulette, chaucha, lechuga, cebolla, puerro, arvejas, rabanitos, perejil	Remolacha, acelga
Zapallos, zapallitos	Albahaca, maíz, papa, taco de reina	Rábanos

Las habas y las diferentes lechugas se asocian exitosamente durante el otoño.

Crucífera oriental y lechuga morada. La hermosa textura y color de las hojas de esta hortaliza oriental se asocia con el color y brillo de las lechugas moradas.

Asociación de repollo colorado y cebolla de verdeo. Los repollos enmarcan el tablón y las cebollas se desarrollan en la parte central.

En este tablón observamos habas alineadas y en la cabecera una variedad de mostaza de hoja ancha que se consume en ensalada. Los caminos cubiertos con paja favorecen los desplazamientos sin embarrarse. En el cantero vecino se observan plantas jóvenes de acelgas y puerros. La diversidad evita el uso de agrotóxicos.

Asociaciones de hortalizas con flores y plantas aromáticas

Las flores atraen a insectos polinizadores y a los que controlan las plagas de nuestra huerta (insectos predatores). Los aceites esenciales de las plantas aromáticas repelen numerosas plagas. La mayoría de estas plantas tienen necesidad de un suelo diferente al de las hortalizas, por lo tanto es conveniente cultivarlas en las proximidades en un suelo más arenoso y regarlas con menos frecuencia. El perejil, el cilantro y la albahaca pueden cultivarse junto a las hortalizas.

Asociación de hortalizas con flores y plantas aromáticas		
Planta	**Asociación favorable**	**Asociación desfavorable**
Aciano *(Centaurea c.)*	Muy atractiva de insectos benéficos	-
Albahaca	Tomates	Ruda
Alissum *(Lobularia m)*	Muy atractiva de insectos benéficos	-
Amapola	Muy atractiva de insectos benéficos	-
Artemisia	-	Inhibidora del crecimiento de plantas cercanas
Borraja *(Borago sp.)*	Frutillas, ajos. Atrae abejas.	-
Caléndula	Acción benéfica general.	-
Ciboulette	Muy atractiva de insectos benéficos	-
Cilantro (en flor)	Muy atractiva de insectos benéficos	-
Copete *(Tagetes sp.)*	Tomates, melones	Repollo
Cosmos bipinnatus y Cosmos sulfureus	Muy atractivos de mariposas y polinizadores	
Girasol	Lechugas	-
Girasol mexicano *(Tithonia rotundifolia)*	Muy atractivos de mariposas y polinizadores	
Gramíneas ornamentales	Proveen protección invernal a insectos predatores	-
Hinojo (en flor)	Atrae polinizadores	-
Margarita dorada *(Anthemis tinctoria)*	Atrae vaquitas, crisopas y microavispas	-
Mejorana	Acción benéfica general	-
Menta	Coliflor	-
Milenrama *(Achillea)*	Acción benéfica general	-
Perejil	Tomate, espárrago	-
Petunia	Arvejas	-
Romero	Coliflor, zanahoria	-
Ruda	Rosal y frambuesa	-
Salvia	Zanahoria, arvejas	-
Sauces (en flor)	Gran productor de polen	-
Taco de reina	Remolachas, acelgas	-
Tomillo	Coliflor	-
Valeriana	Acción benéfica general.	-

Caléndulas y Tacos de reina (Tropaeolum majus). Ambas florales de probados efectos benéficos en una huerta.

Flor de cilantro. Aprovecharemos sus hojas como condimento fresco; sus semillas (coriandro) y sus flores sumamente decorativas.

Valeriana. Esta planta tiene una acción benéfica general en el cultivo.

El Aciano o Azulejo (Centaurea cyanus) tiene los nectarios extraflorales, por lo tanto es visitado por insectos en busca de su néctar aun con las flores cerradas.

Taco de reina (Tropaeolum majus) rojo. Los pétalos de sus flores son comestibles y tienen un sabor algo picante.

Abejas en flor de borraja. La borraja es una de las plantas más visitadas por las abejas e insectos benéficos en una huerta. A mayor número de polinizadores, mayor probabilidad tendremos de que polinicen también las flores que formarán los frutos que consumiremos.

Utilización de abono natural

Ya sabemos que en una huerta orgánica no se utilizan fertilizantes en forma de sales de síntesis química, entonces ¿cómo reponemos los nutrientes consumidos por nuestras plantas? Nosotros no somos los encargados de reponer los nutrientes sino que ese trabajo lo delegamos a los microorganismos que forman la vida en el suelo. Nos encargaremos de estimular su actividad proporcionándoles materia orgánica que ellos pondrán a disposición de los vegetales.

Las sales químicas son muy solubles y son tomadas a gran velocidad por las plantas corriendo el riesgo muy frecuente de un exceso de nutrientes; este exceso disminuye la resistencia de las plantas dejándolas más sensibles al ataque de plagas o enfermedades.

Cuando decidimos dónde ubicaremos nuestra huerta es útil recurrir a un análisis del suelo, éste nos proporcionará información precisa sobre las cualidades y deficiencias de nuestro suelo. El buen manejo de la materia orgánica en la huerta nos llevará a alcanzar un equilibrio sin deficiencias de los elementos nutritivos más importantes.

• Los estiércoles son abonos de origen animal. Los estiércoles de caballo, vaca, oveja, cabra y conejo son ricos en nitrógeno pero es mejor compostarlos antes de aplicarlos.

El estiércol de conejo es muy valioso para la preparación de compost a escala familiar.

• Los abonos de aves son ricos en fósforo y para evitar "quemaduras" por exceso en su aplicación es mejor compostarlos.

• El abono verde es una técnica heredada de la agricultura, útil también en la horticultura. Consiste en la siembra de plantas que protegerán al suelo de la desecación, airearán el suelo con la actividad de sus raíces, fijarán nitrógeno gaseoso si son leguminosas, y una vez cortadas servirán como acolchado o formarán parte del compost. La alfalfa y algunos tréboles son leguminosas útiles para este fin. Para espacios más reducidos la mostaza es un abono verde de rápido crecimiento que dejará el suelo muy esponjoso.

• Los abonos líquidos o purines en base a vegetales son soluciones fermentadas ricas en nitrógeno y potasio. El purín más conocido es el realizado en base a ortigas. Se emplea la planta fresca que se corta desde la primavera hasta el verano. Evitaremos el uso de las plantas con semillas.

La presencia de flores en la huerta atrae a las mariposas. El girasol mejicano con su profusa floración anaranjada nos garantiza sus visitas.

Preparación de purín paso a paso

1. En un contenedor tipo barril echar las ortigas trozadas y desmenuzadas, luego cubrir con agua de lluvia. Para reemplazar el agua de lluvia es conveniente utilizar agua reposada algunas horas al sol.

2. Con la ayuda de un palo revolver a diario la mezcla para oxigenarla. Dependiendo de la temperatura exterior, este purín estará listo de 10 a 20 días, su color será oscuro y ya no tendrá espuma.

3. Posteriormente filtrar y diluir 1:10 para su utilización.

También se preparan purines en base a consuelda *(Symphitum sp.)*, cola de caballo *(Equisetum sp.)* y diente de león *(Taraxacum officinale)*.

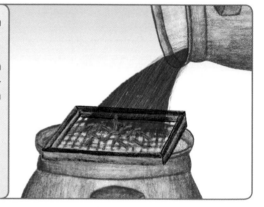

Recolección de hojas de ortiga para la preparación del purín.

Para preparar el purín de ortigas es necesario trozar las plantas y ponerlas en un contenedor con agua.

Ortiga criolla.

Flor de diente de león (Taraxacum officinale).

Consuelda (Symphitum sp.). Esta planta es una bomba viva ya que posee potentes raíces que trabajan hasta casi los 2 m de profundidad. Con sus hojas podemos hacer una excelente cobertura para los tomates, además de preparar un nutritivo purín.

CAPÍTULO
7

La nutrición
de la huerta

Capítulo 7

La nutrición de la huerta

El reciclado de desperdicios

La actividad cotidiana en la huerta y en el hogar genera una cantidad signifi-
cativa de desperdicios orgánicos. Estos restos están muy lejos de ser basura, son
la principal fuente de nutrientes de futuros ciclos de cultivo.

Compostar consiste en inducir una fermentación aerobia a partir de una mezcla de materiales orgánicos a fin de transformarla en una masa homogénea, de estructura grumosa, rica en humus y microorganismos. Una pila de compost funciona como el aparato digestivo de una huerta, allí se asimila y transforma la materia orgánica.

Podemos reciclar estos elementos de dos maneras, en un compost frío o en un compost caliente. En una huerta familiar los desperdicios cotidianos se reciclan en un digestor y paralelamente, acumularemos material durante determinado tiempo para construir una pila de compost caliente.

Cómo generar un compost frío paso a paso

Esta forma de reciclar la materia orgánica no eleva su temperatura por lo tanto se denomina "compost frío".

Armado de un digestor

Se necesita un tambor de 200 litros sin tapa ni fondo. Barriles, contenedores plásticos o de madera todos son útiles siempre que tengan buen drenaje y permitan la circulación de aire.

1. Realizar perforaciones en sus paredes para permitir la circulación de aire.

2. Montar el tambor sobre ladrillos que lo separarán del suelo y facilitarán la extracción del compost maduro.

Un barril de madera puede ser un excelente contenedor para acumular los restos orgánicos cotidianos.

Clasificación de la basura

La clasificación de la basura comienza en la cocina al separar los restos orgánicos de los inorgánicos en dos contenedores distintos.

• **Residuos aptos:** cáscaras de huevo, cabellos y pelos, cartón, estiércol de herbívoros, hojas y hierbas, papel de diario, cáscaras de frutas y verduras, restos de infusiones (té, café), restos de plantas y flores, servilletas de papel, tierra, sustratos usados en macetas, corchos.

• **Residuos no aptos:** piedras sanitarias de mascotas, cenizas con grasa, folletos de propaganda con color, latas, metales, pañales, papel de aluminio, plásticos, carne, huesos, grasas, restos de comidas aceitosas, revistas con fotografías color, tetrabrik, vidrios.

Incorporación del material por capas

Echar los desperdicios orgánicos cotidianamente en el tambor, pero para "arrancar" el proceso es conveniente incorporar el material por capas.

1. La capa inferior o de drenaje estará compuesta por restos de poda, hojas grandes o trocitos de madera, sobre ésta una capa de residuos mezclados como cáscaras, flores marchitas, hierbas, hojas, etc.

2. Si disponemos de estiércol poner una capa fina, luego un poco de tierra, otra capa de residuos frescos y una última capa de tierra evitando de esta manera los posibles malos olores.

3. Humedecer y cubrir con algún material que permita la circulación de aire. El volumen disminuirá por fragmentación y deshidratación de los materiales, permitiendo seguir echando restos. Diferentes organismos asimilarán estos desperdicios transformándolos en material útil para las plantas de la huerta.

• *Si nos encontramos en una zona seca, podemos realizar este tipo de reciclado diario en un pozo o una zanja.*

Compost frío y compost caliente en un montón. En el contenedor se observa la apertura inferior para recolectar el compost maduro.

Plantines de zapallo en un compost frío. Estos contenedores plásticos son muy adecuados para un compostaje frío en casas y departamentos. Estas semillas han germinado en el compost y será necesario trasplantarlas para que completen su desarrollo.

Compost caliente

Mediante la construcción de la pila de compost caliente se intenta imitar el proceso de descomposición que se da naturalmente en suelos biológicamente activos, pero acelerándolo y, por esta razón le brindaremos las condiciones más favorables. En este proceso intervienen: la materia orgánica recolectada, organismos vivos, agua y oxígeno. Los microorganismos necesitan la materia orgánica para nutrirse y emplean el oxígeno del medio para reacciones oxidantes, utilizan el carbono y el nitrógeno de la materia orgánica para construir la estructura de sus propios cuerpos y liberan dióxido de carbono y calor al medio, lo que provoca un aumento en la temperatura de la pila de compost.

El carbono es el elemento que encontramos en mayor proporción en los restos orgánicos, bajo la forma de carbohidratos; unos son más fáciles de descomponer como los azúcares, y otros más complejos y de descomposición más lenta como la celulosa y la lignina. Restos de hortalizas, malezas y cortes de césped fresco son ricos en azúcares. La paja y las hojas secas son ricas en celulosa, y las ramas y restos leñosos en lignina. El nitrógeno es el otro elemento indispensable en este proceso, está presente en las estructuras orgánicas a descomponer en forma de aminoácidos y proteínas. Será principalmente aportado por los estiércoles animales.

Como se explicó anteriormente, al atacar los microorganismos del compost la materia orgánica en presencia de oxígeno, se produce una oxidación, liberándose dióxido de carbono y energía en forma de calor, 2/3 del carbono de los materiales compostados se va en estas reacciones y el 1/3 restante en combinación con el nitrógeno lo utilizan los microorganismos para formar la estructura de sus propios cuerpos.

Estas proporciones nos indican que hay una relación definida entre el carbono y el nitrógeno para que se produzca una fermentación, es de 30 partes de carbono por 1 de nitrógeno, esta proporción se denomina "relación C/N". Conocer la relación C/N de los diferentes elementos a compostar nos ayudará a saber qué materiales compostar y en qué cantidad.

Otra opción de compost frío y compost caliente. El frío en un contenedor metálico agujereado y elevado con ladrillos que facilitan el drenaje de los líquidos y el compost caliente en una estructura de palets, cubierta con paja.

Relación carbono-nitrógeno	
Material	Relación C/N
Desperdicios de cocina	23:1
Césped cortado	12:1
Hojas secas	50:1
Pasto seco	80:1
Paja	75-150:1
Estiércol vacuno con paja	15-25:1
Estiércol equino con paja	20-30:1
Estiércol ovino	15-20:1
Estiércol de aves	10-15:1
Orina	0.8:1
Residuos de la huerta	7:1

Paja. Esta es otra fuente de materia orgánica seca. Si la protegemos de las lluvias la mantendremos en óptimas condiciones para compostarla o usarla como cobertura en los tablones de cultivo.

Si en nuestra pila de compost tenemos un exceso de carbono, la actividad bacteriana disminuirá, inclusive algunos organismos morirán liberándose al medio el nitrógeno presente en sus células. Otros organismos tomarán ese nitrógeno y reiniciarán el ciclo. Con el tiempo esta relación C/N se corrige produciéndose la descomposición definitiva. El compost se formará, pero tardará más de lo normal. Si el exceso lo tenemos en forma de nitrógeno ya que incorporamos mucho estiércol, los microorganismos atacarán el sustrato liberando el nitrógeno en forma de amoníaco. Esto significa un derroche ya que de haber hecho una proporción correcta este nitrógeno hubiera sido fijado en el producto final.

Un compost debe ser cuidadosamente elaborado y orientado para su maduración correcta.

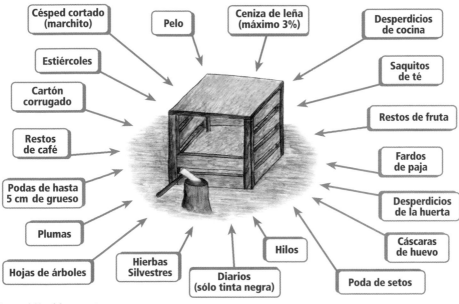

Composición del compost.

Construcción de una pila de compost paso a paso

Paso 1. Elegir un lugar a media sombra y de fácil acceso. El tamaño de la pila depende de la superficie disponible y de la necesidad de abono que tengamos en nuestra huerta. Para armar una pila inicial es conveniente partir de una superficie de 1 m x 1 m, con una altura de 1 a 1,5 m. Acumular los materiales y levantar la pila en un solo día. Si seguimos acumulando material haremos pilas paralelas y de esta manera dispondremos de compost con diferentes grados de madurez.

Para armar una pila de compost caliente es preciso ir acumulando todos los materiales necesarios (restos vegetales, estiércol, ramas, etc.) y aprovechar un sector sombrío de la huerta para su construcción.

Paso 2. Una estructura de madera o de alambre puede ayudarnos a contener los materiales a compostar, sino un montón bien organizado será suficiente. Marcado el lugar, realizar una horquillada para facilitar la aireación.

Los palets, muchas veces desechados, son una estructura excelente para armar una pila de compost ya que permiten la circulación de aire y el drenaje del agua evitando los procesos anaeróbicos de descomposición.

Paso 3. Con ramas entrecruzadas formar una capa de unos 0,30 m y en el centro clavar un palo que luego retiraremos y funcionará como una chimenea, sobre ésta colocar otra capa de material seco (hojas, paja, bollos de papel de diario) de unos 0,20 m, luego otra capa de material verde fresco (pasto cortado, desperdicios de cocina, restos de la huerta) de 0,20 m, sobre ésta una capa de estiércol de 0,05 m y luego una capa muy fina de tierra o compost maduro. De esta manera repetimos esta secuencia de capas dos veces más y llegaremos a la altura deseada. Es necesario humedecer la pila a medida que se construye, la falta de agua frena la fermentación. Cuando terminamos la última capa, cubrimos con paja o pasto seco toda la pila para evitar pérdidas de calor y humedad. Sobre esta cobertura se realiza un riego final.

Con ramas entrecruzadas se arma un "enrejado" que permite la circulación de aire y facilita el drenaje.

Capa de materia orgánica seca. En este caso se usaron hojas secas. La chimenea central permitirá la circulación de aire en la pila.

Capa verde. Sobre la capa de materia orgánica seca, aplicamos una capa de material verde fresco (pasto, hierbas frescas, restos de verduras).

Capa de estiércol. El estiércol se aplica sobre la capa de material verde. Este siempre debe provenir de animales herbívoros.

Riego final. Es necesario humedecer la pila a medida que se construye, la falta de agua frena la fermentación. Cuando terminamos la última capa, cubrimos con paja o pasto seco toda la pila para evitar pérdidas de calor y humedad. Sobre esta cobertura se realiza un riego final.

Aquí se pueden observar las diferentes capas de una pila de compost recién armada.

Durante la primer semana se producirá un elevado aumento en la temperatura de la pila, llegando hasta 70° C debido a la alta actividad metabólica, de esta manera se destruyen semillas de malezas y patógenos. Al comenzar a descender la temperatura las hifas de los hongos recorren el material y comienzan a transformarse las sustancias. El descenso de la temperatura y el buen olor nos indican que la pila se encuentra en esta segunda fase de su maduración. La tercera fase se caracteriza por la presencia de pequeños animales que desmenuzan el material como ácaros, bichos bolita, saltarines y lombrices. En la última fase aparecen los excrementos de las lombrices y comienza la mineralización de la materia orgánica que se transforma en sustancias inorgánicas asimilables por las plantas, y la formación de ácidos húmicos.

Este proceso puede demorar entre 3 y 6 meses según los materiales usados, la técnica de construcción y los factores ambientales.

Con un termómetro podemos registrar los cambios de temperatura en el compost, aunque con sólo apoyar la mano en el centro de la pila es fácil experimentar su aumento durante los primeros días.

Evolución de la temperatura en una pila de compost

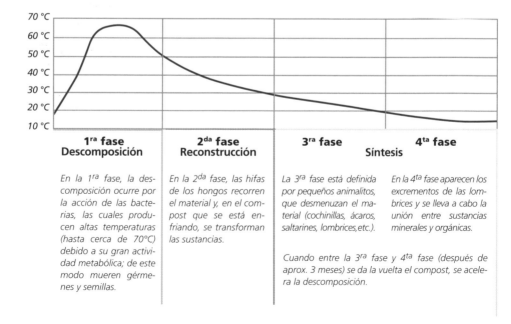

1ra fase Descomposición	2da fase Reconstrucción	3ra fase	4ta fase
		Síntesis	
En la 1ra fase, la descomposición ocurre por la acción de las bacterias, las cuales producen altas temperaturas (hasta cerca de 70°C) debido a su gran actividad metabólica; de este modo mueren gérmenes y semillas.	*En la 2da fase, las hifas de los hongos recorren el material y, en el compost que se está enfriando, se transforman las sustancias.*	*La 3ra fase está definida por pequeños animalitos, que desmenuzan el material (cochinillas, ácaros, saltarines, lombrices,etc.).*	*En la 4ta fase aparecen los excrementos de las lombrices y se lleva a cabo la unión entre sustancias minerales y orgánicas.*
		Cuando entre la 3ra fase y 4ta fase (después de aprox. 3 meses) se da la vuelta el compost, se acelera la descomposición.	

Una remoción de la pila cuando se encuentra entre la tercera y la cuarta fase llevando los materiales externos al centro y viceversa, genera una segunda fermentación más suave que acelerará la maduración final de toda la pila. Los sentidos nos ayudarán a saber el punto de maduración de la pila: su olor es fresco y agradable, recuerda la tierra de bosque, su color es oscuro y al tacto se desgrana sin adherirse a las manos. También veremos que si partimos de una pila de aproximadamente 1 m, al llegar a la madurez medirá 0,20 m.

En la práctica es conveniente ir construyendo pilas de compost de manera escalonada en el tiempo, lo cual nos garantiza una provisión constante de abono.

La cantidad a aplicar en los cultivos es difícil de dosificar ya que es un abono de mucho volumen y composición variable, pero podemos aplicar entre 3 y 6 litros por m², o una capa de 2 cm sobre toda la superficie.

Pila de compost de un mes. Aquí visualmente se percibe el descenso en la altura por compactación de la pila y al tacto es posible registrar el descenso de la temperatura.

Algunas plantas se desarrollan perfectamente en una pila de compost inmadura como estas tres variedades de zapallos, obteniéndose cosechas muy productivas en un espacio reducido.

Vida en el compost. La tercera fase de la maduración se caracteriza por la presencia de pequeños animales que desmenuzan el material como ácaros, bichos bolita, saltarines y lombrices. En la última fase aparecen los excrementos de las lombrices y comienza la mineralización de la materia orgánica que se transforma en sustancias inorgánicas asimilables por las plantas.

Compost a los dos meses. En esta etapa, ha descendido aún más la altura. Aquí encontraremos pequeños animales que desmenuzan el material como ácaros, bichos bolita, saltarines y lombrices.

Compostaje comunitario

El compostaje comunitario es una solución al problema planteado por el exceso de restos orgánicos. Desde grupos de vecinos, escuelas, barrios y hasta municipios pueden producir el compost necesario para sus huertas, jardines o plazas sin costo económico y evitar, a su vez, la proliferación de ratas y moscas que se producen al desencadenarse procesos de putrefacción en los residuos orgánicos.

CAPÍTULO
8

La siembra

Capítulo 8

La siembra

De las actividades que se realizan en una huerta, la siembra es el eje de la organización. De esta manera tendremos las labores previas a la siembra y pasada esta etapa nos ocuparemos de las correspondientes al cuidado y seguimiento de los cultivos hasta la cosecha.

Antes de empezar a sembrar hay que realizar algunas labores previas, es decir, la preparación del suelo de los canteros que recibirá las semillas y la elaboración del compost que nos garantizará salud y nutrientes para las plantas.

El suelo que recibirá las semillas debe estar horquillado, mullido y libre de terrones y malezas. También debemos contar con una provisión de compost maduro. Para las siembras de primavera utilizaremos el compost maduro que proviene de una pila realizada a principios de otoño y para las siembras de otoño el que proviene de una pila realizada en la primavera anterior.

Las semillas son un insumo que debemos cuidar y algunas son particularmente caras; por lo tanto debemos calcular cuánto, qué, dónde y cómo sembrarlas.

Conocer los rendimientos de las hortalizas nos ayuda a saber cuánto espacio les debemos destinar en los tablones de cultivo para satisfacer nuestras necesidades.

Elementos necesarios para la siembra. La siembra en almácigos permite proporcionar a las semillas mayores cuidados en cuanto a temperatura, humedad, sustrato y luz.

Rendimientos generales

Hortaliza	k
Verduras de hoja	1 por metro lineal
Raíces	2 por metro lineal
Frutos	2 por planta

Rendimientos individuales

Hortaliza	Kg/mes/m lineal	Hortaliza	Kg/mes/m lineal
Acelga	0.6	Nabo	0.4
Ajo	2	Papa	1
Arveja	0.7	Pepino	1.1
Berenjena	3.6	Perejil	2 (m²)
Cebolla	1.6	Pimiento	2
Cebolla verdeo	2	Puerro	2
Chaucha	0.45	Rabanito	0.7
Espinaca	0.6	Radicheta	1
Espinaca	1	Remolacha	1
Haba	1.3	Rúcula	1
Hinojo	1	Tomate	15
Lechuga	0.3	Zanahoria	0.75
Maíz	1.5	Zapallito / Zapallo	3.4 / 3

Las plantas hortícolas se desarrollan básicamente en dos temporadas de cultivo: primavera-verano y otoño-invierno. Es importante conocer la época de siembra de cada especie para poder acompañarlas en un crecimiento saludable. La prevención de plagas y enfermedades en nuestros cultivos también depende del momento correcto de siembra y de las condiciones que encuentre la semilla al germinar. El calendario de siembra nos aporta información sobre el momento adecuado para sembrar.

Calendario de siembra

Hortaliza	Época de siembra en almácigo	Época de siembra directa o transplante definitivo	Tiempo de germinación en días	Distancia de plantación en cm	Distancia entre líneas en cm	Profundidad de siembra en cm	Duración del cultivo en meses	Período de cosecha
Acelga	-	Diciembre / Abril	7 - 12	20	30 - 50	2 - 3	3 - 6	Todo el año
		Mayo / Diciembre	7 - 12	20	30 - 50	2 - 3	3 - 6	Todo el año
Achicoria	Julio	Octubre - Marzo / Abril	4 - 7	35	30 - 45	0.5 - 1	3 - 4	Febrero / Junio

Calendario de siembra

Hortaliza	Época de siembra en almácigo	Época de siembra directa o transplante definitivo	Tiempo de germina-ción en días	Distancia de plantación en cm	Distancia entre líneas en cm	Profun-didad de siembra en cm	Duración del cultivo en meses	Período de cosecha
Ajo (diente)	-	Febrero	15	7 - 8	40	0.5 - 1	5 - 7	Septiembre / Diciembre
		Marzo / Abril	15	7 - 8	40	0.5 - 1	5 - 7	Octubre / Diciembre
Albahaca	Septiembre	Octubre / Noviembre	6 - 10	20 - 25	40	0.5	5 - 7	Diciembre / Mayo
Alcaucil	-	Marzo	10 - 15	100	120 - 150	1	perenne	Septiembre / Diciembre
Apio	Septiembre / Diciembre	Octubre / Enero	10 - 20	20 - 25	70	plantines	6 - 7	Mayo / Agosto
	Marzo	Mayo	10 - 20	15 - 20	40	plantines	6 - 7	Noviembre
Berenjena	Agosto	Octubre	7 - 10	45 - 60	60	0.5 - 1	5	Diciembre / Abril
Berro de agua	-	Agosto / Septiembre	2 - 7	10 - 15	Borde acequia	1 ó 2 gajos	perenne	Todo el año
Brócoli	Febrero	Febrero / Abril	5 - 10	30 - 40	50	0.5	3 - 5	Mayo / Agosto
Cebolla (bulbo)	Febrero	Abril	10 - 12	8 - 10	30	0.5 - 1	5 - 7	Septiembre / Octubre
	Abril	Junio	10 - 12	8 - 10	30	0.5 - 1	5 - 7	Noviembre / Diciembre
Cebolla (verdeo)	Febrero	Marzo / Abril	10 - 15	5	30	0.5 - 1	4 - 6	Mayo / Agosto
Coliflor	Agosto / Octubre	Septiembre / Diciembre	4 - 5	30 - 40	70	1	3 - 4	Diciembre / Marzo
	Febrero / Marzo	Marzo / Abril	4 - 5	30 - 40	70	1 - 1.5	3 - 4	Mayo / Julio
Hinojo	Enero / Marzo	Marzo / Mayo	8 - 10	30	70	1	3 - 4	Julio / Septiembre
Lechuga	-	Diciembre / Marzo	4 - 10	15 - 20	30	0.5 - 1	2 - 3	Marzo / Mayo
		Febrero / Julio	4 - 10	15 - 20	30	0.5 - 1	2 - 3	Mayo / Octubre
		Agosto / Noviembre	4 - 10	15 - 20	30	0.5 - 1	2 - 3	Noviembre / Febrero
Maíz	-	Septiembre / Noviembre	10	30	70	3 - 5	3 - 4	Noviembre / Febrero
		Diciembre	10	30	70	3 - 5	3 - 4	Marzo
Melón	-	Septiembre / Octubre	6 - 8	90	120 - 180	3 - 4	3 - 4	Enero / Marzo
Pepino	-	Septiembre / Octubre	6 - 8	75 - 90	90 - 120	3 - 4	3 - 4	Diciembre / Marzo
Pimiento	Agosto	Octubre	7 - 15	40 - 45	60	0.5 - 1	4 - 5	Marzo
Puerro	Agosto / Septiembre	Septiembre / Octubre	7 - 15	5 - 8	40	1	3 - 5	Febrero / Marzo
	Marzo / Abril	Mayo / Junio	7 - 15	5 - 8	40	1	3 - 5	Agosto / Septiembre

Calendario de siembra

Hortaliza	Época de siembra en almácigo	Época de siembra directa o transplante definitivo	Tiempo de germinación en días	Distancia de plantación en cm	Distancia entre líneas en cm	Profundidad de siembra en cm	Duración del cultivo en meses	Período de cosecha
Repollo	Febrero / Marzo	Marzo / Abril	5	30 - 50	70	1	4 - 6	Julio / Octubre
	Octubre	Noviembre	5	30 - 45	70	1	4 - 6	Mayo / Julio
Tomate	Julio / Agosto	Octubre	7 - 12	20	60 - 80	0.5 - 1	3 - 4	Enero / Febrero
	Noviembre	Diciembre	7 - 12	20	40	1	3 - 4	Marzo
Zanahoria	-	Diciembre / Abril	10 - 20	3 - 5	40	1.5 - 2	2 - 3	Marzo / Julio
		Mayo / Noviembre	10 - 20	3 - 5	40	1.5 - 2	2 - 3	Agosto / Febrero
Zapallo	-	Octubre	6 - 8	150 ó 100	250 ó 100	3 - 4	3 - 4	Diciembre / Marzo
Zapallito	-	Septiembre / Noviembre / Enero	6 - 8	90 - 100	100	2.5 - 4	3 - 5	Diciembre / Abril

Estas fechas de siembra están dirigidas a la situación media de la República Argentina. Hacia el Norte, en invierno, las tareas pueden adelantarse entre 15 y 45 días, mientras que hacia el Sur, estas tareas se retrasan entre 15 y 60 días. El registro anual personalizará estos datos. Para calcular cuánto vamos a sembrar de cada especie podemos recurrir a la tabla de rendimiento de cada hortaliza, al calendario de siembra sin olvidar el número de miembros de la familia y los gustos personales. Es importante no producir más de lo necesario a no ser que este excedente se comparta o intercambie con otras personas. Respetar los tiempos de siembra nos garantiza hortalizas más saludables pues su cultivo se hace de acuerdo con los ritmos de la naturaleza, en resumen: planta sana, hombre sano.

Tipos de siembra

Una vez seleccionadas las especies a propagar, según el cultivo, la siembra puede ser directa o en almácigo.

La siembra directa se hace en el suelo donde la planta va a desarrollarse hasta la cosecha. Así se siembran: acelgas, remolachas, porotos, arvejas, maíz, zapallos, habas, rabanitos, nabos, sandías y zanahorias. La siembra en almácigo se realiza en bandejas o cajones en condiciones de protección de la temperatura exterior a la semilla y los futuros plantines.

La siembra directa paso a paso

Paso 1. Para el momento de la siembra corremos la cobertura, marcamos el surco y regamos. En el surco aplicamos un poco de compost maduro y luego la semilla. La profundidad de siembra depende del tamaño de la semilla y se calcula que ésta no debe superar en dos veces la medida del eje mayor de la semilla.

Paso 2. Cubrimos la semilla con más compost y presionamos levemente. Volvemos a colocar la cobertura y regamos con una lluvia fina. También podemos sembrar "al voleo" que consiste en esparcir uniformemente las semillas en una determinada superficie para luego cubrirlas con una capa de compost y tierra tamizados. Luego son raleadas a medida que crecen. Radicheta, rúcula y rabanitos se pueden sembrar de esta forma. "En puñados" o "a golpe" es una técnica en la cual se siembran grupos de 3 a 5 semillas y la distancia de siembra depende de cada especie.

Emergencia de las primeras hojas de plantines de remolacha en siembra directa.

Protección para pájaros. Luego de la siembra directa, los pájaros pueden ser un problema. Esta es una forma de proteger las semillas.

Remolachas jóvenes. Cuando sembramos acelgas y remolachas, no es la semilla sino el fruto (un glomérulo) lo utilizado. De cada glomérulo suelen germinar 3 ó 4 semillas, por lo tanto es necesario entresacar algunas plantas para evitar una densidad muy alta.

Siembra directa a golpe. Se observan los hoyos rellenos con compost donde se sembrarán las semillas.

Siembra directa con plantador. Se hace un hoyo con el plantador, se aplica compost maduro y se siembra. La profundidad de siembra dependerá del tamaño de la semilla. Posteriormente se cubre y se riega.

Siembra directa con plantador. En este caso, semillas de haba.

La siembra en almácigo paso a paso

La siembra en almácigo nos permite adelantar tiempo, asegurar mayores cuidados a las plantas y escalonar las siembras. Así se siembran: lechugas, repollos, coliflores, puerros, cebollas, brócolis, tomates, berenjenas y ajíes.

Paso 1. Para preparar un almácigo son ideales los cajones de madera. Cubrir el fondo con una capa de paja, pasto seco o ramitas finas, por encima una capa de 5 cm de tierra negra y llenar el cajón con una mezcla por partes iguales de tierra negra tamizada y compost maduro también tamizado.

Paso 2. Marcar surcos paralelos a 10 cm con una tablita, colocar las semillas, tapar con la mezcla de tierra y compost, cubrir con una fina cobertura de pasto seco y regar con lluvia fina.

Los zapallos, zapallitos, berenjenas, melones, tomates, ajíes, pepinos y sandías se pueden sembrar en pequeñas macetas para asegurarnos de que no sufran las raíces durante el trasplante, ya que con sólo invertir el contenedor y sostener el plantín entre los dedos lo retiraremos sin riesgos de lesiones en las raíces.

Plantines de cebolla colorada en cajón.

Plantines de crucíferas con sus característicos cotiledones en forma de corazón.

Plantines trasvasados a envases mayores. Si las condiciones externas no son aún las más propicias, podemos adelantar el cultivo repicando los plantines en macetas de mayor capacidad de sustrato.

Mesada en un invernáculo con almácigos rústicos. En pleno verano puede ser necesario "refrescar" el ambiente con la colocación de "media sombra".

Plantines de repollo en cajón.

La siembra en bandejas plásticas

Las bandejas plásticas diseñadas especialmente para siembra son otra opción. Estas bandejas están compuestas por pequeñas celdas donde se coloca el sustrato y en cada una, la semilla. Este sustrato es una mezcla muy liviana formada por ¼ de turba, ¼ de perlita agrícola, ¼ de compost maduro tamizado y ¼ de tierra negra tamizada. Se llenan las celdas con esta mezcla, se siembra y por encima se coloca una fina cobertura formada por 1/3 de turba, 1/3 de vermiculita y 1/3 de perlita agrícola. Luego se riega con lluvia fina.

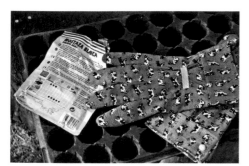

Detalle de elementos para la siembra: guantes, semillas y bandeja.

Bandeja de siembra. Para evitar confusiones y llevar un registro es importante identificar y datar la siembra.

Vermiculita. Es un silicato de aluminio, hierro y magnesio de estructura micácea. Su pH es neutro y retiene un 40 ó 50% de su peso en agua. Existen cuatro tamaños de partículas y las de 0,75 a 1 mm de diámetro son las usadas para la mezcla de germinación de semillas.

Perlita agrícola. Este sustrato inerte ha sido expandido por calentamiento a 1000° C. Su pH es neutro y retiene de 3 a 4 veces su peso en agua. Proporciona aireación y aumenta la retención hídrica en la mezcla.

Turba. Este sustrato orgánico es el producto de la fermentación de restos vegetales por acción del agua en condiciones anaeróbicas y frías. Mejora la retención hídrica, tiene bajo contenido de nutrientes y pH ácido. Para su uso, debe estar desmenuzada y humedecida.

Los almácigos requieren cuidados especiales y sin duda un pequeño invernáculo es lo ideal. Recordemos que los plantines van a necesitar sol para su desarrollo cuando emerja la plántula, de lo contrario el plantín se alarga mucho, debilitándose. En invierno, si no tenemos un invernáculo, igualmente hay que protegerlos de las heladas con una cobertura plástica o con vidrios que deben estar aislados de los plantines para evitar que los queme la helada. En verano los protegeremos del fuerte sol del mediodía con algún tejido que proyecte media sombra.

Los almácigos en bandeja plástica si bien son ideales a la hora del trasplante, ya que se evita la ruptura de raíces, al tener poco volumen de sustrato son sensibles a la falta de agua y requieren riegos más frecuentes que los almácigos realizados en cajoneras.

Vista interna de un invernáculo familiar de polietileno.

Damping off

"Damping off" se llama a tres enfermedades que atacan a las semillas antes y después de la germinación. Se ve afectada la base de los tallos y las raíces, las hojas suelen amarillear y se observan plantas marchitas y raquíticas. Suelos mal drenados con mucha materia orgánica húmeda y poco descompuesta, principalmente con tiempo frío, húmedo y nublado son factores que predisponen al ataque de estos hongos. El "Damping off" es más frecuente en semillas grandes como maíz, poroto y arvejas.

Las medidas preventivas a tomar son: sembrar a la profundidad adecuada en suelos bien drenados y tibios, cubrir las semillas con una capa de vermiculita, no regar en exceso y no olvidar enriquecer el suelo o el sustrato con compost bien maduro para inocularlo de hongos benéficos que bloquearán a los del "Damping off".

Bandeja plástica con siembra muy densa. La alta densidad de siembra genera mucha competencia por espacio y luz en la pequeña celda. Esta situación debilita los plantines y es aprovechada por los hongos patógenos que causan enfermedades como el "Damping off".

El trasplante

Cuando los plantines han desarrollado su segundo par de hojas verdaderas es el momento de trasplantarlos a su lugar definitivo.

En el caso de haber sido sembrados bajo vidrio o protegidos del frío y el peligro de heladas que aún no han pasado, es conveniente hacer un trasplante a macetas individuales más grandes y mantener los plantines un tiempo más a resguardo. Para ir adaptándolos a las condiciones exteriores y para que ganen rusticidad, durante el día pueden permanecer fuera del invernáculo y por la noche dentro.

El viento, el frío y el sol causan estrés en los plantines recién trasplantados, lo cual disminuye su resistencia a enfermedades y plagas. Es conveniente tomar algunas medidas para que los plantines no "sufran" el trasplante: regamos bien el almácigo la noche anterior, tratamos de elegir un día nublado o al atardecer, si estamos en una región de fuertes vientos armaremos un cerco provisorio y, si el lugar está muy expuesto al sol, cubriremos con media sombra los primeros días en las horas de sol fuerte.

El trasplante paso a paso

Paso 1

Para trasplantar los plantines, sacarlos cuidadosamente de a uno con una cuchara.

Paso 2

Hacer un hoyo en el suelo, colocar compost, luego el plantín y cubrir con más compost maduro.

Paso 3

Presionar la tierra junto al plantín con ambas manos para asegurarnos que esté firme (sin compactar), colocar la cobertura y regar.

Cubriremos con compost a nivel del cuello de los plantines de todas las hortalizas; en el caso del tomate puede cubrirse parte del tallo, porque con el tiempo hecha raíces.

Técnica de trasplante. Luego de retirar cuidadosamente el plantín del almácigo se realiza un hoyo en el lugar definitivo de crecimiento, se agrega un puñado de compost y se coloca el plantín. Se ejerce una leve presión, se coloca un poco de cobertura y se riega.

CAPÍTULO

9

Plagas y
enfermedades

Capítulo 9

Plagas y enfermedades

Cuando un cultivo es atacado por una plaga o una enfermedad en una huerta orgánica, en lugar de culpar al parásito, deberíamos repasar todas las tareas y decisiones que hemos tomado hasta ese momento e intentar descubrir en qué punto fallamos para que el patógeno pudiera atacar.

La sanidad en los cultivos orgánicos se basa en la prevención. Un conocimiento detallado de los diferentes ambientes dentro del espacio de nuestra huerta nos permite tomar acciones preventivas en sectores localizados, como por ejemplo conocer las zonas más susceptibles a las heladas, los sectores más húmedos, las diferencias de declives en el terreno, etc.

Ya conocemos los beneficios de un buen cerco; pero además cumple la importante función sanitaria de aislamiento filtrando los contaminantes de todo tipo, desde agrotóxicos hasta esporas de hongos patógenos y semillas no deseables.

Al promover el aumento de la biodiversidad vegetal con las plantas hortícolas, las diferentes asociaciones florales, la diversidad de especies en el cerco vivo y la presencia de vegetación espontánea, disminuimos las posibilidades de que una plaga afecte el rendimiento total de nuestra producción, porque de esta manera los depredadores generalistas encontrarán un hábitat desde el cual podrán avanzar hasta los cultivos y controlar biológicamente las plagas.

Caléndulas. La biodiversidad garantiza la salud de todo el sistema. Aquí observamos puerros con follaje acintado y azulado, alcaucil de tono grisáceo, acelga, kale (Brassica oleracea var. Acephala) que es una col que no forma cabeza, lechugas y borraja.

Variedad de flores de caléndulas. Las hay desde amarillo muy claro hasta anaranjado muy oscuro, pasando por toda la gama de los colores cálidos. Las hay simples, dobles y triples en relación con el número de pétalos.

De forma natural las plantas poseen eficaces sistemas inmunológicos que las protegen de plagas y enfermedades, pero en condiciones de estrés, como falta o exceso de agua y nutrientes, heladas u otros factores, estas defensas se deprimen. Existen sustancias que desencadenan una serie de reacciones metabólicas que inducen mecanismos de defensa contra los patógenos, como por ejemplo los purines o tés de compost, de ortiga o de consuelda. Estas sustancias aumentan su efectividad si se combinan con las prácticas orgánicas integrales.

La susceptibilidad de una planta a ser atacada por una plaga o una enfermedad aumenta si hay un desequilibrio en la proporción de nutrientes o si está intoxicada por un agroquímico. En resumen: la plaga respeta a la planta sana.

En una huerta orgánica hay una serie de complejas interacciones entre el suelo, las plantas, los insectos, el agua y demás seres vivos. La salud de este sistema va a depender también de nuestro trabajo y de las decisiones que tomemos. Debemos aprender a tener paciencia, una huerta se rige por tiempos biológicos y, si actuamos correctamente respetando y acompañando estos ciclos naturales sin duda obtendremos excelentes resultados.

Animales benéficos

Los animales beneficiosos ayudan a regular el número de los que causan daños en una huerta. Proveerles refugio y protección para sobrellevar el invierno o alimento es clave para impedir que otro animal se convierta en plaga.

Enemigos naturales de control	
Enemigo natural	**Características**
Murciélagos	Son depredadores de insectos nocturnos como las polillas y los mosquitos.
Pájaros	Si bien causan daño picando los frutos y comiendo las semillas recién sembradas, también son grandes consumidores de orugas, gusanos e insectos, principalmente en la época de cría.
Culebritas	Los ejemplares que encontramos en las pilas de compost maduro y bajo las coberturas del suelo son grandes consumidoras de caracoles, babosas, moluscos e insectos.
Sapos y ranas	Se alimentan de babosas, caracoles e insectos. Son muy sensibles a los tóxicos por lo tanto cuando se instalan en nuestra huerta nos dan la pauta de que estamos alejados de venenos.
Arañas	Tienen muchas estrategias de ataque y generalmente suelen cazar más presas de las que consumen. Moscas, polillas, mariposas, coleópteros y orugas son sus principales víctimas. Aunque consumen variedad de presas, cuando hay una plaga de una sola especie, detectan el aumento de población de la plaga y su ataque se centraliza en el control de ésta.
Vaquitas, juanitas o mariquitas	Son coccinélidos que tienen una dieta variada, las hay que comen pulgones, otras cochinillas, otras hongos e inclusive pueden predar huevos de polillas y trips. Las más conocidas son las que se alimentan de pulgones y cochinillas, son ya comercializadas como insumo biológico en el control de estas plagas. Las hembras colocan huevos de color amarillo y forma cilíndrica. Sus larvas con manchas típicas según la especie, tienen el cuerpo alargado y son predadoras voraces.
Sírfidos o moscas sírfidas	Son predadores de pulgones y cochinillas. Las hembras colocan los huevos sobre hojas y brotes, cerca de las colonias de sus presas, de esta forma al nacer las larvas tienen mucho alimento a disposición.
Las crisopas o moscas flor	En su estado adulto se convierten en hermosos insectos delgados de color verde transparente y ojos dorados. Las larvas son alargadas y se alimentan de pulgones, cochinillas, moscas blancas, huevos de polillas y mariposas. Sus huevos son muy característicos ya que la hembra los deposita en el extremo de un pedicelo (estructura que recuerda un pequeño tallo) por debajo de las hojas.
Chinches predadoras	Tienen amplia difusión mundial y se alimentan preferentemente de pulgones, huevos y larvas de lepidópteros. La chinche pirata es muy frecuente en huertas y jardines y se comercializa como insumo biológico para el control de trips.

Enemigos naturales de control

Enemigo natural	Características
Ácaros predadores	Prefieren las arañuelas y los trips ejerciendo el control de estas plagas durante todo el año.
Parasitoides	Son los insectos que parasitan otros insectos. Son principalmente himenópteros (avispitas) y dípteros (moscas tarquínidas). *Encarsia formosa* se utiliza para el control de mosca blanca en invernáculos, *Trichogramma sp.* parasita huevos de lepidópteros y la hembra de *Diaretiella rapae* puede parasitar mil pulgones, colocando un huevo por pulgón. De esta forma, dentro del pulgón se desarrolla una única larva del parasitoide, dejando al salir sólo una "momia".
Bacterias, hongos y virus	Causan enfermedades a las plagas, por lo tanto también son utilizados como insumos biológicos de control. Actúan en general por ingestión a excepción de los hongos que se introducen en las esporas en contacto con el insecto. *Beauveria bassiana* es un hongo al cual se le conocen más de 400 hospederos susceptibles. El *Bacillus thuringiensis*, más conocido como Bt es efectivo en el control de numerosos lepidópteros.

Abejorro en la flor de un cosmos. Durante el verano y principios del otoño estas flores anaranjadas son frecuentemente visitadas por diferentes polinizadores.

Hormiguero seccionado de hormiga colorada. Este montículo mide aproximadamente 0,50 m de alto y tiene una base de 0,30 m. Para levantar este hormiguero, las hormigas utilizaron como esqueleto estructural una estaca existente en la huerta. Estas hormigas son grandes enemigas de las hormigas negras a las cuales intentan "robarles" sus larvas.

Sírfido en flores de brócolis. Estos insectos son predadores de pulgones y cochinillas. Las hembras colocan los huevos sobre hojas y brotes, cerca de las colonias de sus presas, de esta forma al nacer las larvas tienen mucho alimento a disposición.

Araña en su telaraña. Las arañas son grandes cazadores, cuando detectan el aumento de población de una plaga su ataque se centraliza en el controlarla.

Tata Dios (Mantis religiosa). Por su forma característica y su especial posición de reposo es uno de los insectos más conocido. Su apariencia mística ha sido objeto de curiosidad, superstición e incluso reverencia por parte de pueblos antiguos. Es un predador voraz de insectos plaga pero también consume especies benéficas. (Gentileza de Rodrigo Oviedo)

Mariposa visitando una flor de girasol mejicano. Las mariposas poseen un aparato bucal con una larga prosbosis (espiritrompa) con la cual alcanzan las corolas de las flores para alimentarse del néctar, contribuyendo de esta manera a la polinización cruzada.

"Momias" de pulgones parasitados. Una evidencia de control biológico en nuestra huerta.

Zorzal colorado (Turdus rufiventris). Este pájaro es muy frecuente en huertas y jardines de la pampa húmeda. Consume larvas e insectos, pero también provoca daños en los frutos.

Sapo. Estos anfibios controlan babosas, caracoles e insectos. Son muy sensibles a los tóxicos, su presencia en la huerta es un síntoma de ausencia de venenos.

Plantas benéficas

Ya conocemos los mecanismos de autodefensa de las plantas sobre los patógenos. Pero muchas de ellas tienen también influencia sobre plantas cercanas, ya que estimulan o inhiben procesos vitales, y sobre plagas o enfermedades al intoxicar insectos, nematodes u hongos. Conocer las "virtudes" de algunas de ellas nos permitirá asociar cultivos y alejar a las plagas.

Plantas beneficiosas	
Plantas	**Características**
Tagetes sp. (copete, clavel de moro)	Producen en sus raíces una sustancia que mata a los nematodes patógenos del suelo. Si cultivamos tomates o melones asociados con tagetes mantendremos alejados a los nematodes de estos cultivos susceptibles a su ataque.
Plantas aromáticas	Como la menta o la lavanda que son muy ricas en aceites esenciales y son eficaces repelentes de plagas.

Copete (Tagetes sp.). *Estas plantas producen en sus raíces una sustancia que mata a los nematodes patógenos del suelo.*

Menta. Esta planta muy rica en aceites esenciales es un eficaz repelente de plagas.

Lavanda en floración.

Detalle de flores de romero.

Piretro (Chrysanthemun cinerariaefolium). *Sus capítulos ricos en piretrina son utilizados en la preparación de insecticidas naturales.*

Azulejo (Centaurea Cyanus). *Esta planta anual florece en primavera y verano, pero posee los nectarios extraflorales, lo que la hace atractiva a los insectos aún con los pimpollos cerrados.*

A partir de preparados naturales sobre la base de plantas también podremos controlar plagas y enfermedades. Antes de utilizar estos preparados es conveniente rever nuestra forma de trabajar el suelo, la provisión de abonos naturales, la aplicación de purines de compost u ortiga que induzcan la resistencia y todos los parámetros asociados a la salud de toda la huerta.

Preparados que inducen la resistencia de las plantas

Purín de compost

Se mezcla compost maduro con agua en una relación de 1:5 hasta 1:8 por volumen, se agita y se deja fermentar durante 3 a 7 días. Por cada litro de líquido se puede agregar una cucharada de melaza para incrementar el desarrollo de microorganismos. Luego de la fermentación se agita bien el extracto, se filtra y se diluye en una proporción de 1:5 hasta 1:10. Como preventivo de enfermedades y para estimular el desarrollo de microorganismos en el suelo se recomienda aplicar este purín cada 7 ó 10 días.

Cuna de lombrices. Esta es una de las formas de producir un excelente humus de lombriz. El estiércol de caballo compostado les provee los nutrientes necesarios para su desarrollo. Es necesario protegerla con una media sombra.

Preparado líquido de humus de lombriz. Como preventivo de enfermedades y para estimular el desarrollo de microorganismos en el suelo se recomienda aplicar este purín semanalmente. También aporta nutrientes.

Purín de ortigas

Se mezcla 100 g de ortigas *(Urtica dioica o U. urens)* por litro de agua, se agita y se deja fermentar. Se utiliza después de 4 días y se diluye 1:10. Se puede aplicar en la zona radicular o sobre las hojas.

Preparado de purines. Para preparar el purín o té de ortigas es necesario trozar las plantas y colocarlas en un contenedor con agua.

Ortiga criolla (Urtica urens). Esta planta tan beneficiosa sobre las otras plantas, goza de mala reputación porque todos alguna vez la hemos rozado y sufrido los efectos de su contacto.

Acerca de las ortigas

Existen más de 500 especies de ortiga en todo el planeta, aunque la mayoría son tropicales. Son muy exigentes en calidad de suelo y nutrientes por lo tanto indican, con su presencia, los suelos fértiles y bien drenados. También al estar presentes en la huerta tienen uso culinario y medicinal. Sus hojas previamente blanqueadas —dos minutos en agua caliente y sal— se consumen en rellenos, sopas y purés. Históricamente ha sido un recurso alimenticio recurrente cuando otras fuentes han quedado limitadas o agotadas. La ortiga es muy nutritiva desde el punto de vista dietético, es rica en sales minerales, vitaminas, y sus semillas contienen mucílagos y un ácido graso de gran valor nutricional. Las infusiones preparadas con sus hojas son depurativas y diuréticas. El problema se presenta a la hora de recolectarlas ya que su parte aérea está cubierta por tricomas (pelos urticantes) que son huecos y abombados en su base, donde se concentra un fluido que contiene histamina, acetilcolina y serotonina. Al roce se rompen, vertiendo el fluido y provocando escozor por la acetilcolina y quemazón por la histamina. Esta molestia puede durar desde unos minutos hasta un par de días. Curiosamente, una de las formas de aplacar los síntomas es aplicando el propio jugo fresco de la ortiga, previamente calentado, sobre el área afectada. Para evitar el contacto directo a la hora de recolectarlas es recomendable el uso de guantes protectores.

El purín o té preparado con esta planta tiene sustancias que desencadenan una serie de reacciones metabólicas que inducen mecanismos de defensa contra los patógenos.

Purín de consuelda

La consuelda (Symphytum sp.) no sólo estimula la salud de las plantas sino que incorporada en la pila de compost es un excelente activador y una excelente cobertura *(mulching)* fresca del suelo. El purín se prepara del mismo modo que el purín de ortigas.

Consuelda (Symphitum sp.). Incorporada en la pila de compost es un excelente activador y una excelente cobertura (mulching) fresca del suelo.

Otras estrategias naturales

En el manejo orgánico de plagas y enfermedades contamos con más herramientas que actúan desde la prevención. La asociación de cultivos funciona como un método de regulación de plagas, por ejemplo la albahaca cultivada junto a los tomates actúa como repelente de la chinche verde *(Nezara viridula)*, o el ajo cerca de la lechuga actúa como repelente y fungicida.

La presencia en la huerta de plantas del género *Amaranthus* atrae avispitas del género *Tricogramma* que parasitan numerosos lepidópteros.

La cobertura *(mulching)* no sólo es una buena protección del suelo y la humedad sino que también sirve de refugio a enemigos naturales que pasan el invierno como adultos (chinches predadoras, vaquitas).

La rotación de cultivos interrumpe el ciclo reproductivo de numerosas plagas.

Cresta de gallo (Celocía sp). Esta amarantácea atrae a numerosos insectos benéficos.

Preparados naturales

Estos preparados están admitidos en la agricultura orgánica pero es recomendable llegar a su utilización sólo cuando ya hayamos evaluado todas las posibles causas de error en el manejo del cultivo. Si bien no son agrotóxicos ni tóxicos para mamíferos, si lo son para los insectos benéficos.

Alcohol de ajo: para su preparación necesitaremos cinco dientes de ajo, 500 cc de alcohol, 500 cc de agua. Licuar, filtrar y guardar en la heladera. Diluir 1 parte del producto en 5 partes de agua y pulverizar el follaje o el suelo. Tiene acción insecticida, repelente y fungicida.

Preparado de paraíso (Melia azedarach): se maceran los frutos maduros, llamados popularmente "venenitos", en agua por dos semanas, luego se diluye 1 parte del producto en 5 partes de agua. Se rocía alrededor de los canteros ya que actúa como disuasivo de hormigas.

Preparados minerales

Entre los preparados minerales podemos citar los siguientes:

Azufre: se utiliza finamente molido para espolvorear como polvo mojable en agua. La dosis es de 4 g/litro de agua. Actúa por contacto y por asfixia sobre arañuelas, oídios y otros hongos.

Caldo bordelés: sales de cobre (oxicloruro de cobre) que actúan como fungicida contra viruela, torque y otros hongos. Se recomienda aplicar 2% en otoño y 1% en primavera.

Frutos de paraíso (Melia azedarach). Con estos frutos, llamados popularmente "venenitos" se prepara un purín que repele el ataque de las hormigas.

Jabón blanco: las soluciones de jabón actúan sobre psylidos, moscas blancas y arañuelas. La dosis recomendada es de 10 g/litro.

Reconozcamos algunos animales que también gustan de nuestras hortalizas:

La vaquita de San Antonio (Diabrotica speciosa) presenta seis manchas amarillo–anaranjadas sobre su lomo verde metálico. Las hembras colocan los huevos en el suelo al pie de las plantas. Al nacer las larvas, se alimentan de las raíces, los adultos, de flores y hojas. En este caso vemos un adulto consumiendo una flor de aciano.

Ninfa de una chinche en las hojas de una planta de ají. Las chinches poseen un aparato bucal picador, por lo tanto el daño del borde de las hojas corresponde a otra plaga.

Daño de una babosa en la hoja de una crucífera. Podemos reconocer el paso de babosas y caracoles por nuestras plantas porque comen las hojas de adentro hacia fuera formando agujeros.

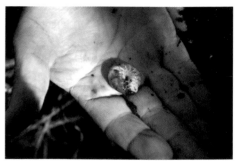

Las larvas de los coleópteros tienen hábitos subterráneos y un aparato bucal masticador con fuertes mandíbulas. Se alimentan de raíces y es frecuente encontrarlas en las pilas de compost maduro.

Caracol. Hojas de repollo con daño (típico agujereado) producido por este molusco.

Tucura (Dichroplus spp). Estos ortópteros consumen principalmente las hojas de las plantas y a diferencia de las langostas son de hábitos sedentarios.

Vaquita benéfica en una planta de menta. Estos coccinélidos tienen una dieta variada; las hay que comen pulgones, otras cochinillas, otras hongos e inclusive pueden predar huevos de polillas y trips. Las más conocidas son las que se alimentan de pulgones y cochinillas, y son ya comercializadas como insumo biológico en el control de estas plagas.

Pulgones. Es una de las plagas más comunes en una huerta. Atacan todas las partes aéreas de la planta e inclusive las raíces. Excretan sustancias azucaradas sobre las que se desarrolla un moho negro. En las huertas son muy frecuentes los pulgones negros en los brotes de las habas.

Como ya vimos, a partir de nuestras labores y decisiones somos grandes responsables de la salud de nuestra huerta; el seguimiento constante nos permitirá detectar la aparición de una plaga, podredumbres provocadas por hongos o simplemente fallas de riego o compactación del suelo. El secreto está en mantener la salud del suelo, lo cual se evidenciará en la salud de la planta y finalmente en nuestra salud.

Daño producido por pájaros en un tomate.

Nido de hornero. Que las aves aniden en las cercanías de nuestra huerta o jardín es otro indicio de ausencia de tóxicos.

Girasol mejicano visitado por mariposas. Una de las imágenes más hermosas en una huerta durante el verano. Estas plantas pueden llegar hasta el 1,5 m de altura, exigen pleno sol y son ideales para ubicarlas en el entorno del sector de producción.

Hojas de repollo con daño producido por caracoles.

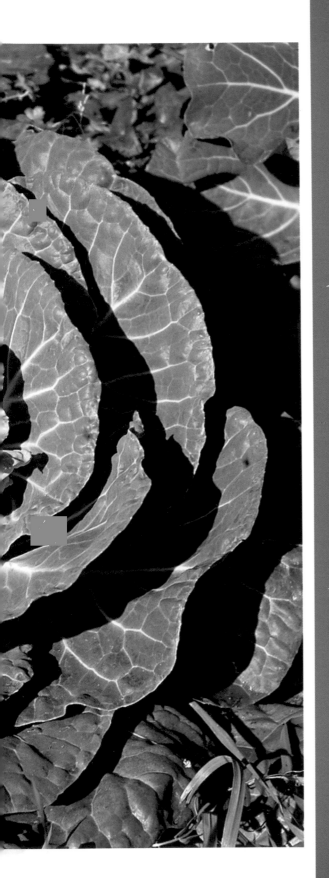

CAPÍTULO

10

Los cultivos de la
huerta orgánica

Capítulo
10

Los cultivos de la huerta orgánica

Las características de los cultivos

La división por familia botánica facilita esta clasificación ya que los diferentes géneros comparten en líneas generales exigencias de clima, suelo y riego.

Familia	Clima	Tipo de Suelo	Exigencia de nutrientes	Riego	Especies
Asteráceas o compuestas	Templado fresco	Profundo y suelto	Medianos consumidores	Abundante	Lechuga, escarola, achicoria, radicheta, cardos, alcaucil
Convolvuláceas	Templado cálido	Elevados y muy sueltos	Mediano consumidor	Escaso	Batata
Crucíferas	Templado fresco	Profundo	Altos y medianos consumidores	Moderado	Repollo, repollitos de bruselas, coliflor, brócoli nabo, rabanitos, rúcula / oruga, berro
Cucurbitáceas	Templado cálido	Suelto, elevado y con buen drenaje	Altos consumidores	Moderado	Zapallo, calabaza, melón, sandía, pepino zapallito de tronco
Gramíneas	Templado cálido	Profundo	Altos consumidores	Abundante	Choclo
Labiadas	Templado cálido	Profundo y muy suelto	Medianos consumidores	Abundante o escaso (según la especie)	Albahaca, orégano, salvia, tomillo
Leguminosas (1)	Templado fresco	Profundo y con buen drenaje	Reponedores y medianos	Moderado	Arveja, haba
Leguminosas (2)	Templado cálido	Profundo y con buen drenaje	Medianos consumidores	Moderado (sensibles a falta o exceso de agua)	Chaucha, poroto
Liliáceas	Templado fresco	Profundo y suelto	Medianos consumidores	Moderado	Ajo, cebolla, puerro, ciboulette, espárrago
Quenopodiáceas	Templado fresco	Profundo y suelto	Medianos consumidores	Moderado	Acelga, Remolacha, Espinaca
Solanáceas	Templado cálido	Profundo y suelto	Altos consumidores	Abundante	Tomate, pimiento, berenjena, papa
Umbelíferas	Templado fresco	Muy suelto y profundo	Medianos consumidores	Moderado y continuo	Zanahoria, apio perejil, hinojo, cilantro

En la siguiente tabla encontramos una breve descripción de cada hortaliza, sus características y la forma de propagarla.

Hortaliza	Variedad	Características	Propagación y manejo
Lechuga	Criollas Mantecosas Arrepolladas	Anual, de tallo corto, sus hojas forman una roseta que varía de color y textura según la variedad.	Por semilla en almácigo y siembra directa en verano. Sensibles al exceso de sol estival.
Escarola	Con hojas crespas Con hojas anchas	Anual, forma una roseta. Es muy rústica y resistente a bajas temperaturas.	Por semilla en almácigo. Abundante riego en verano y permite el blanqueo atando las hojas externas para que las internas no reciban sol, mejorando así el sabor.
Achicoria / Radicchio	Italiana Catalogna	Anual, forma roseta. Hay variedades con hojas rojizas muy decorativas.	Por semilla en almácigo o directa en primavera y otoño. Se pueden cosechar por hojas.
Radicheta	Spadona, hoja fina Zuccherina, hoja ancha	Anual, con tallo corto. Cultivo muy rústico y resistente a temperaturas bajas.	Siembra directa en líneas o al voleo. Desmalezado. Se cosechan con cuchillo cuando llegan a 10 ó 15 cm.
Alcaucil	Cynara cardunculus Var. scolimus	Planta herbácea, perenne de 1 m de altura. Se consumen las inflorescencias o cabezas.	Multiplicación vegetativa por medio de los brotes de la planta madre.
Batata	Ipomea batatas morada INTA	Planta perenne que se cultiva como anual. Posee un sistema radicular superficial, se consumen las raíces adventicias engrosadas.	Se propaga por brotes de raíces o trozos de ramas. Los plantines se inician bajo vidrio y luego se trasplantan a los canteros elevados.
Repollos	Blancos Colorados Crespos	Planta perenne que se cultiva como anual, con tallo corto y raíz pivotante. Las hojas son de diversos colores y forman una cabeza compacta y de diferentes formas.	Por semilla en almácigo. Se siembran todo el año según la variedad.
Repollitos de Bruselas	Var. Gemífera	Poseen características similares a los repollos, pero desarrollan un tallo largo donde se forman repollitos en la axila de las hojas.	Por semilla en almácigo en diciembre–enero, se trasplantan en enero–febrero para cosecharlos de mayo a septiembre.
Coliflor	Var. Botritis	Planta anual o bianual de tallo corto, con grandes hojas. Se consume la inflorescencia inmadura, blanca, esférica y compacta.	Se siembra en almácigo a fines de primavera, principio de verano y en el otoño.
Brócoli	Var. Itálica	Planta anual de tallo mediano, las yemas florales forman una cabeza principal y otras laterales de color verde oscuro muy compactas.	Se siembra en almácigo. Existen cultivares de ciclos cortos, medios y tardíos.
Nabos	Brassica rapa	Planta anual de raíz pivotante, se consume la raíz engrosada.	Siembra directa en otoño y primavera. Cultivo rústico. Requiere desmalezado.
Rabanitos	Raphanus sativus (Redondos, alargados)	Planta anual de ciclo muy corto.	Siembra directa todo el año. Escalonar las siembras. Se asocia con cultivos de ciclo más largo.
Rúcula / Oruga	Eruca sativa	Planta anual en forma de roseta. Se consumen las hojas tiernas.	Siembra directa en la primavera y el otoño.
Berro	Nasturtium aquaticum	Planta perenne y acuática.	Siembra directa o por gajos.

Hortaliza	Variedad	Características	Propagación y manejo
Zapallos	*Cucurbita maxima*	Planta anual con flores femeninas y masculinas en el mismo pie.	Por semilla en siembra directa en septiembre a octubre.
Calabazas	*Cucurbita moschata* Anquito	Planta anual, rastrera.	Por semilla en siembra directa en septiembre a octubre.
Melones	*Cucumis melo* Tipo escrito	Planta anual, voluble y rastrera.	Por semilla en siembra directa en septiembre a octubre.
Sandía	*Citrulus lanatus*	Planta anual, voluble y rastrera.	Por semilla en siembra directa en septiembre a octubre.
Pepinos	*Cucumis sativus*	Planta anual, trepadora o rastrera.	Por semilla en siembra directa en septiembre a diciembre.
Zapallito de tronco	*Cucurbita maxima Cucurbita pepo* Verde redondo Largo o Zucchini	Planta anual herbácea y erecta.	Por semilla en siembra directa en septiembre a enero.
Choclo	*Zea mays var. Sacharata*	Planta anual, erecta. Se asocia bien con poroto y zapallo.	Siembra directa en hoyo. Riego frecuente y aporque en la primera etapa del desarrollo.
Albahaca	*Ocinum basilicum*	Planta aromática anual. Muy sensible a heladas.	Siembra en almácigo, a partir de septiembre.
Orégano	*Origanum vulgare*	Planta aromática perenne.	Se propaga por división de matas en otoño-invierno.
Salvia	*Salvia officinalis*	Planta aromática perenne. Sensible al exceso de agua.	Se propaga por semilla.
Tomillo	*Thymus sp.*	Planta aromática perenne.	Se propaga por división de matas en otoño - invierno.
Arveja	*Pisum sativum* Enanas (-70 cm) ½ rama Rama (+130 cm)	Planta anual, trepadora con zarcillos. Requiere de tutor para sostener la planta.	Siembra directa de junio a agosto, cosecha de agosto a octubre.
Haba	*Vicia faba* Sevillana Del país	Planta anual herbácea, erguida. Se consume el grano verde o seco. Muy apta para 1° cultivo en un tablón.	Siembra directa de abril a junio. Ciclo de 100 días y se extiende a 150 para poroto seco. Gran reponedora y mejoradora del suelo.
Chaucha	*Phaseolus vulgaris* De rama Enanas	Con tallos volubles, en rama, crecimiento indeterminado. Con crecimiento determinado y erecto.	Siembra directa de septiembre a enero.
Poroto	*Phaseolus vulgaris*	Planta rastrera con crecimiento indeterminado.	Se aconseja cosechar con frecuencia para incentivar la producción.
Ajo	*Allium sativa*	Plantas bulbosas con sistema radicular superficial.	Se propagan por dientes que se plantan de fines de verano a otoño.
Cebolla	*Allium cepa*	Plantas bulbosas. Se asocian bien con compuestas y umbelíferas.	Se propagan por semilla en almácigo de fines de verano a principios de otoño.
Puerro	*Allium porrum*	Plantas bulbosas. Se asocian bien con compuestas y umbelíferas.	Se propagan por semilla en almácigo de fines de verano a principios de otoño.
Ciboulette	*Allium schoenoprasum*	Planta perenne con numerosos bulbitos.	Se propaga por división de matas en primavera. Se cosechan las hojas cortándolas a 2 cm del suelo.

Espárrago	Asparagus officinalis	Planta perenne de tallo subterráneo (araña). La parte aérea se seca en estación fría.	Se propaga por las raíces llamadas arañas, el primer año se deja vegetar y se cosecha al segundo año.
Acelga	Beta vulgaris var. Cicla	Planta anual que forma una roseta de hojas con pecíolos ensanchados insertadas en un tallo corto. Cultivo muy rústico.	Se propaga por semillas en almácigo y siembra directa. Se siembra fruto (glomérulo), en primavera-verano y otoño-invierno. Las hojas más externas y grandes se cosechan escalonadamente.
Remolacha	Beta vulgaris var. crassa	Planta anual que produce una roseta de hojas moradas con pecíolos angostos y raíz pivotante engrosada.	Se propaga por semillas en almácigo y siembra directa. Se siembra fruto (glomérulo), en primavera-verano y otoño-invierno. Se cosecha la planta entera.
Espinaca	Spinacea oleracea	Planta anual que produce una roseta de hojas de color verde intenso con pecíolos angostos.	Se propaga por semillas en siembra directa, en primavera y en otoño. Se cosecha la planta entera.
Tomates	Lycopersicon esculentum Indeterminados: Platense Cherry Perita Determinados: Tipo perita Tipo cherry	Planta perenne que se cultiva como anual, inflorescencia en racimos, posee un sistema radicular importante que puede llegar hasta 1,5 m de profundidad. El fruto es una baya.	Se propaga por semillas en almácigo, luego se trasplanta. Los cultivos de crecimiento indeterminado requieren de desbrote semanal y conducción con tutor. **Siembra:** julio-agosto. **Trasplante:** septiembre-octubre. **Cosecha:** enero-marzo. Necesitan suelo muy fértiles + aporques + compost.
Pimientos	Capsicum annum Tipos cúbicos Alargado español Tipo vinagre Tipo chili	Planta perenne cultivada como anual. Es un arbusto de tallo y raíz leñosos. El fruto es una baya hueca de tamaño y color variados.	Se propaga por semillas en almácigo, luego se trasplanta. **Siembra:** julio-septiembre. **Trasplante:** septiembre-octubre. **Cosecha:** enero- primeras heladas. Necesitan suelo muy fértiles + aporques + compost maduro.
Berenjenas	Solanum melongena Tipo larga Tipo redonda Tipo oriental	Planta perenne cultivada como anual. Es un arbusto de tallo y raíz leñosos. Flores solitarias o racimos pequeños. Fruto baya de forma, color y tamaño variable.	Se propaga por semillas en almácigo, luego se trasplanta. **Siembra:** junio–agosto. **Trasplante:** agosto–sept. **Cosecha:** hasta heladas. Cultivo muy rústico. Necesitan suelo muy fértiles + aporques + compost maduro.
Zanahorias	Daucus carota	Planta anual con raíz pivotante engrosada.	Se propaga por semilla en siembra directa en primavera-verano y otoño-invierno. Raleo y desmalezado. Se cosecha la planta entera. **Ciclo:** de 5 - 6 meses. Cultivo rústico.
Apio	Apium graveolens Tipo verde Tipo amarillo	Planta anual que produce una roseta de hojas grandes partidas con pecíolos ensanchados.	Se propaga por semilla. **Almácigo:** sept. a nov. **Trasplante:** noviembre a abril. **Cosecha:** mayo a octubre.
Perejil	Petroselinum crispus Común ó crespo	Planta anual y aromática. Condimentaria.	Se propaga por semilla en siembra directa en primavera-verano y otoño-invierno.
Hinojo	Foeniculum vulgare	Planta anual, aromática con hojas grandes partidas con pecíolos ensanchados en la base formando un falso bulbo.	Se propaga por semilla. **Almácigo:** nov. a marzo. **Trasplante:** dic. a mayo. **Cosecha:** marzo a julio. Se cosecha planta entera.

Radiccio (achicoria morada) (Chicorium sp). Es una forma de achicoria que se desarrolla mejor en invierno. Se puede sembrar en almácigo o en forma directa para ralearse posteriormente. Tiene hojas de un hermoso color rojizo y de sabor amargo.

Pimientos (Capsicum annum). Planta muy sensible al frío, exige pleno sol y la siembra en almácigo comienza en primavera bajo vidrio. Existen variedades que se cosechan desde verdes hasta bien maduras. Estos pequeños pimientos rojos son sumamente picantes.

Nabos (Brassica napus).

Lechuga morada (Lactuca sativa). Las lechugas son las verduras de hoja preferidas y esto se evidencia en la variedad que existe en el mercado. Estas lechugas moradas son una nota de color en la huerta invernal.

Rúcula (Eruca sativa). De cultivo muy sencillo, se siembra en forma directa y la cosecha comienza a partir de las 2 ó 3 semanas. Es necesario escalonar las siembras para tener siempre a disponibilidad las hojas tiernas. Sus flores no son sólo bellas sino también comestibles.

Alcaucil (Cynara scolymus). *Hortaliza perenne de la familia de las compuestas. Se reproduce por hijuelos que brotan al pie de la planta madre. Una planta adulta puede producir entre 20 y 40 cabezas.*

Nabos (Brassica napus). *Esta crucífera nos da su producción bajo tierra. Crece mejor durante el otoño–invierno y se siembra en forma directa. No es exigente en suelos, pero los prefiere sueltos y con buen drenaje.*

Repollos (Brassica oleracea subv. capitata). *Los repollos ofrecen una hermosa imagen en la huerta y son muy versátiles en la cocina. Las dos variedades más conocidas son la de hojas blancas y la de hojas coloradas.*

Acelga (Beta vulgaris). *Uno de los cultivos más sencillos y generosos de la huerta familiar. El corte continuo de hojas facilita la formación de otras nuevas, retrasando la floración. Una planta, bien cuidada y cosechada con frecuencia puede durar hasta dos años en un tablón.*

Albahaca morada. Existen albahacas con diversos colores de hojas, esta variedad es menos aromática, pero más ornamental. Para lograr plantas compactas es necesario pinzar el brote apical para favorecer el desarrollo de ramas laterales.

Chaucha (Phaseolus vulgaris). Esta planta con tallos volubles necesita de una estructura de soporte para desarrollarse.

Espárragos (Asparagus officinalis). Esta planta es una liliácea perenne de follaje plumoso que posee unas raíces largas, cilíndricas y carnosas, llamadas arañas que funcionan como órgano de reserva y que cada año van creciendo para dar mayor cantidad de espárragos.

Cebolla (Allium cepa). Este género cuenta con numerosas variedades. Tiene la ventaja de poder cosecharse en los diferentes estadios del crecimiento (desde cebolla de verdeo hasta bulbo engrosado). Aquí se observan sus características hojas tubulares.

Lechuga mantecosa (Lactuca sativa). Estas lechugas se desarrollan mejor en otoño-invierno ya que el calor induce su floración, volviéndolas amargas. Se siembran en almácigo o en forma directa. Las bandejas plásticas son el medio ideal de siembra.

Remolacha (Beta vulgaris). Es una hortaliza de raíz, aunque pueden consumirse sus hojas al igual que la acelga. Desde la siembra a la cosecha pasan aproximadamente cuatro meses.

Encañado para tomates. Esta es una de las formas de entutorar las plantas de tomate. Los tutores se colocan cuando las plantas aún son pequeñas, deben ser sólidos y fuertes pues una planta cargada de frutos es muy pesada.

Radiccio. Detalle de las hojas de esta radicheta particular.

Habas (Vicia faba). Se siembran en forma directa en abril–mayo, ya que el calor no las favorece. Recuperan los suelos a nivel nutricional y su poderoso sistema radicular realiza un excelente laboreo. Se cosechan las vainas tiernas a finales del invierno-principios de la primavera.

Brócoli (Brassica oleracea subv. cymosa). La siembra se realiza desde otoño a primavera. Se cosecha la cabeza central cuando los pimpollos tienen un color azulado, luego crecerán brotes laterales que darán origen a cabezuelas más pequeñas también aprovechables. Si dejamos algunos brotes laterales sin cosechar, se abrirán unas hermosas flores amarillas sumamente atractivas para los sírfidos, importantes agentes de control biológico en una huerta.

Glosario

Abono verde: cultivo no-alimentario, dedicado a mejorar el contenido de nutrientes de la tierra y su estructura.

Activador del compost: sustancia que sirve para arrancar el proceso de fermentación en una pila de compost. Ej: cortes de césped, ortigas, orina y algas marinas.

Agricultura biodinámica: agricultura ecológica desarrollada por el filósofo croata Rudolf Steiner a principios del siglo XX. Se emplean preparados que estimulan el crecimiento vegetal y otros procesos.

Alelopatía: fenómeno por el cual una planta libera sustancias tóxicas a la tierra desde sus raíces impidiendo el crecimiento de otras plantas en su vecindad. Ej: Nogal negro (*Juglans nigra*).

Asociación de cultivos: técnica mediante la cual se plantan juntas distintas especies para beneficiarse mutuamente, alejando plagas o ayudándose en el crecimiento.

Autóctona: planta indígena de una región determinada, que contribuye a aumentar la biodiversidad y atrae más vida silvestre que las plantas foráneas introducidas.

Bancal profundo: sistema de producción hortícola intensivo, con canteros de 1,2 a 1,4 m de ancho y 0,60 m de profundidad.

Biodegradable: cualquier material orgánico que pueda descomponerse en sus partes constituyentes a través de la actividad de las bacterias u otros microorganismos.

Cobertura: capa de material natural empleado para cubrir el suelo. En inglés *mulch* (acolchado).

Compactación: daño producido a la estructura del suelo, que da como resultado su asfixia y ahogamiento; condiciones hostiles para el saludable desarrollo vegetal.

Contaminación acuática: cualquier forma de contaminación que disminuye la calidad del agua. Los nitratos y otras sustancias peligrosas lixiviadas de los abonos químicos o de los plaguicidas suelen ser los principales contaminantes acuáticos liberados por las huertas de cultivo convencional.

Contaminación atmosférica: es cualquier forma de contaminación que disminuye la calidad del aire. En las huertas urbanas y suburbanas pueden estar presentes elevadas concentraciones de contaminantes como el dióxido de azufre, óxidos de nitrógeno e hidrocarburos.

Control biológico: empleo de una criatura u organismo para frenar a otro.

Cuasia: insecticida natural extraído de la *Quassia amara*, aprobado en agricultura orgánica.

Erosión: proceso de desgaste que tiene lugar cuando la superficie de la tierra es golpeada por las gotas de lluvia, se lava o se la lleva el viento.

Fertilidad del suelo: medida de la riqueza del suelo en términos de nutrientes, humus y otras sustancias presentes en él y en forma accesible para las plantas.

Harina de hueso: abono natural; fuente de fósforo de liberación lenta y algo de nitrógeno y calcio.

Harina de sangre: abono natural. Se puede incorporar a la pila de compost. Es una fuente de nitrógeno.

Insecticida natural: cualquier insecticida no sintético, aceptado por la agricultura orgánica, que se descomponga rápidamente en sustancias inactivas, de modo que alcance a la plaga sobre la cual se pulveriza pero no persista perjudicando a los insectos benéficos que puedan recorrer posteriormente la zona tratada.

Limpieza: práctica de retirar las plantas o sus restos infectados o atacados para evitar la reinfección de los futuros cultivos.

Lixiviado: movimiento descendente de los elementos por el suelo.

Mantillo: material formado por hojas otoñales descompuestas que se emplea para mejorar la estructura del suelo. Se fabrica amontonando las hojas en recipientes o bolsas aireadas. Al cabo de un año está en condiciones de uso como cobertura o para incorporar al suelo.

Parásito: animal, vegetal u organismo que vive sobre otro, utilizándolo como fuente de alimento.

Persistencia: tiempo en que un plaguicida sigue siendo activo, ya sea en la tierra o como residuo sobre las plantas.

Piretro: insecticida natural. Se extrae de las flores del *Pyrethrum cineraerifolium*.

Predador: animal de cualquier tamaño que se alimenta de otro que es plaga.

Reciclaje: práctica de reducir el material de desecho en sus componentes, para volver a emplearlos de manera diferente.

Resistencia: inmunidad que desarrollan algunas plagas a plaguicidas concretos.

Variedad resistente: variedad vegetal que muestra cierta resistencia a determinada plaga.

Bibliografía

A.A.V.V.: Cartillas de ProHuerta, INTA/Min. de Bienestar Social, Buenos Aires, 1992-2002.

A.A.V.V.: Eco-Agro Agricultura Orgánica, experiencias de cultivo ecológico en Argentina, Buenos Aires, Planeta, 1992.

Abella, Ignacio: La magia de los árboles, Barcelona, Integral, 1998.

Altieri, Miguel: Agroecología. Bases científicas de la agricultura alternativa, Valparaíso, Ed. Cetal,1985.

Aubert, Claude: El huerto biológico, Barcelona, Integral, 1987.

Barranco, Quico: "Compost en casa" en revista Integral n° 211, Barcelona, 1997.

Barranco, Quico: "Cultiva tu balcón" en revista Integral n° 227, Barcelona, 1998.

Bellón, Carlos Alberto: "Fundamentos del planeamiento paisajista" en Enciclopedia Argentina de Agricultura y Jardinería, fasc.31, Buenos Aires, Editorial Acme,1995.

Brooks, John: Jardinería y Paisaje, Buenos Aires, Editorial La Isla, 1998.

Bueno, Mariano: El huerto familiar biológico, Barcelona, Integral, 2001.

Button, John: Háztelo verde, Barcelona, Integral, 1992.

Carvalho, R.: Les jardins de Villandry. Les techniques et les plantes, Joué les Tours, Ed. Paul, 1991.

Cebrián, Jordi: "La ortiga, planta fantástica" en revista Cuerpomente n° 145, Barcelona, 2004.

Chaboussou, Francis: Plantas doentes pelo uso de agrotóxicos. A teoría da trofobiosis, Porto Alegre, L&PM, 1987.

Chaplowe, Scott G.: "Havana's popular gardens sustainable urban agriculture" en World sustainable Agriculture Association Newsletter, Vol 5, N° 22, Canada, 1996.

Chowings, J.W.: El huerto en el jardín, The Royal Horticultural Society, Barcelona, Blume, 1992.

De Bach, Paul: Control Biológico de las plagas de insectos y malas hierbas, México DF, CECSA, 1992.

Dethier, Vincent Gaston: El abuso de los plaguicidas, Buenos Aires, Edisar, 1980.

Dudley, Nigel y Stickland, Susan: Ecojardín, Barcelona, Integral, 1992.

Foguelman, Dina: "Plagas y Enfermedades" en Manejo orgánico, Buenos Aires, IFOAM. MAPO, 2003.

Fukuoka, Masanobu: Revolución de un rastrojo. Una introducción a la Agricultura natural, Maldonado, Publicaciones GEA, 1985.

Gröning, G., Wolshke- Bulmahn, J.: Ein Jahrhundert Kleingartenkultur in Frankfurt am Main, Studien zur Frankfurter Geschichte, Frankfurt am Main, 1995.

Gros, Michel y Vermont-Desroches, Noël: *Calendario lunar 2005*, Tarragona, Artús Porta Manresa, 2004.

Harper, Peter: *El libro del Jardín Natural*, Barcelona, Ediciones Oasis, 1994.

Howard, Albert: *Un testamento Agrícola*, Santiago de Chile, Imprenta Universitaria, 1947.

Jordan, Michael: *Botánica*, Barcelona, Ediciones Martínez Roca, 1994.

Kasch, G.. *Deutschlands Kleingärtner* vom 19 zum 21 Jahrhundert, Sächsische Landesstelle für Museumswesen, Chemnitz, 2001.

Kreuter, Marie Louise: *Jardín y huerto biológicos*, Madrid, Mundi Prensa, 1994.

Long, Cheryl: "Bug-Beating blooms" en revista *Organic Gardening* vol 48 n°4, Emmaus, PA, Rodale Press, 2001.

Long, Cheryl: "How to fertilize your garden" en revista *Organic Gardening* vol 47 n° 4, Emmaus, PA, Rodale Press, 2000.

Mc Clure, Susan: *Companion Planting. Rodale's successful organic gardening*, Emmaus, PA, Rodale Press, 1994.

Noguera García, Vicente: *Plantas hortícolas*, Valencia, Florapint, 1996.

Pfeiffer, Ehrenfried: *El semblante de la tierra*, Barcelona, Integral, 1983.

Primavesi, Ana: *Manejo ecológico del suelo, la agricultura en regiones tropicales*, Buenos Aires, El Ateneo, 1984.

Rodale, J.I.: *Abonos Orgánicos. El cultivo de huertas y jardines con compuestos orgánicos*, Buenos Aires, Tres Emes, 1946.

Roger, Jean-Marie: *El suelo vivo*, Barcelona, Integral, 1985.

Saini, E.D. y Bado, S.G.: *Insectos y ácaros perjudiciales a las plantas ornamentales y sus enemigos naturales*, Buenos Aires, Publicación del IMYZA N° 5, INTA, 2002.

Siefert, Alwin: *Agricultura sin venenos o El nuevo arte de hacer compost*, Barcelona, Integral, 1988.

Steiner, Rudolf: *Curso de agricultura biológico-dinámica*, Madrid, Ed. R.Steiner, 1988.

Van Cliff, Lisa: "Weeds, an organic strategy", en revista *Organic Gardening*, Emmaus, PA, Rodale Press, mayo-junio 2002.

Vigliola, Marta Irene: *Manual de Horticultura*, Buenos Aires, Hemisferio Sur, 1996.

Índice

"No heredamos la tierra de nuestros padres, sólo la tenemos a préstamo de nuestros hijos"

Proverbio árabe

EDITORIAL
ALBATROS